JN241582

超 入門

SUPER
INTRODUCTORY
GUIDE BOOK

無料（タダ）で使える
動画編集ソフト
Filmora（フィモーラ）

株式会社JOYボイス
常務取締役
信田 晋佑 著

C&R研究所

■権利について

● 本書に記述されている製品名は、一般に各メーカーの商標または登録商標です。
なお、本書では™、©、®は割愛しています。

■本書の内容について

● 本書は著者・編集者が実際に操作した結果を慎重に検討し、著述・編集しています。ただし、本書の記述内容に関わる運用結果にまつわるあらゆる損害・障害につきましては、責任を負いませんのであらかじめご了承ください。

● 本書で紹介している各操作の画面は、Windows11、Filmora14を基本にしています。Mac版でも操作体系はほぼ同じになります。

● 本書の内容は2024年11月現在の情報に基づいて記述しています。

● 本書では、レイアウトモード「クラシック」の画面を使って解説をしています。

● 本書の内容についてのお問い合わせについて

　この度はC&R研究所の書籍をお買いあげいただきましてありがとうございます。本書の内容に関するお問い合わせは、「書名」「該当するページ番号」「返信先」を必ず明記の上、C&R研究所のホームページ (http://www.c-r.com/) の右上の「お問い合わせ」をクリックし、専用フォームからお送りいただくか、FAXまたは郵送で次の宛先までお送りください。お電話でのお問い合わせや本書の内容とは直接的に関係のない事柄に関するご質問にはお答えできませんので、あらかじめご了承ください。

〒950-3122 新潟県新潟市北区西名目所4083-6　株式会社 C&R研究所　編集部
FAX 025-258-2801
『超入門 無料で使える動画編集ソフト Filmora』サポート係

　近年、動画編集に挑戦する方が急増しています。10代の若者から80代のおばあさんまで、幅広い年齢層の方々が動画制作の楽しさを発見し、自らの手でクリエイティブな作品を生み出す時代が到来しました。

　私は映像制作の専門学校を卒業し、14年間にわたり映像制作の現場に携わってきました。その中で、業務用のベーカムテープからノンリニア編集へと進化する技術の変遷を経験しました。初めて触った編集ソフトはAdobeのPremiere Proで、パソコン上で自由に映像を編集できるその魅力に心を奪われたことを覚えています。当時はまだ限られた数の編集ソフトしか存在していませんでしたが、現在では数えきれないほど多くのソフトが市場に出回っています。

　映像制作会社を退職し、営業職として新たなキャリアを歩んでいたある日、ひょんなことから宴会で使用するオープニング動画を制作する機会に恵まれました。その際に出会った動画編集ソフトが「Filmora」でした。他の編集ソフトと大きく異なるのは、これまでAdobeシリーズなどで複数のソフトを駆使して制作していたような動画を、まるでパワーポイントを使う感覚で簡単に作成できる点です。その利便性に感動し、気がつけばFilmoraでの編集が長い年月をかけて私の主要なツールとなりました。

　Filmoraの素晴らしさと動画編集の楽しさをより多くの方に伝えたいという思いから、FilmoraをテーマにしたYouTubeチャンネル「動画編集 初心者向けチャンネル−Filmoraフィモーラでもっと楽しく編集しよう−」を立ち上げました。3年ほど運営しているこのチャンネルは、幸いにも登録者数が2万人を超えるまでに成長し、「説明がわかりやすい」「この動画をきっかけにFilmoraを始めました」といった嬉しいコメントをいただくことができました。

　本書では、これから動画編集を始めようとする皆さんが、Filmoraの基本的な操作をマスターし、YouTubeやその他のSNSに動画をアップロードするまでのステップを丁寧にサポートします。初心者の方でも安心して学べるよう、わかりやすい解説とともに進めてまいります。

　ぜひこの本を手に取り、Filmoraを使った動画編集の楽しさを体験してください。動画編集の世界は無限の可能性に満ちています。あなたのクリエイティブな才能を開花させるお手伝いができれば幸いです。

株式会社JOYボイス　常務取締役　信田 晋佑

本書の読み方・特徴

登場人物

いいだばしはかせ
飯田橋博士
（通称「博士」）

MITを首席で卒業し、ベンチャー企業を立ち上げた。
今はリタイヤして自宅の研究室で発明に打ち込んでいる。
趣味はスキーとギター。料理はプロ級の腕を持つ。

すずかぜ
涼風なな
（通称「ななちゃん」）

バレーボール部に所属する元気な中学3年生。
博士にギターを教えてもらうために、ちょくちょく博士の自宅の研究室に遊びに来ている。

特徴 1

見やすい大きな活字

ビギナーやシニア層にも読みやすいように大きめな活字を使っています。

使用素材URL　https://www.pexels.com/ja-jp/video/1093665/　https://www.pexels.com/ja-jp/photo/1179975/

08 動画のトリミング（カット編集）

　動画のトリミングは、映像編集の中でも最も基本的かつ頻繁に使われる作業です。ここでは、Filmoraで動画をトリミング（カット編集）する方法を詳しく説明します。

トリミングの手順

　動画のトリミングは、この操作は「カット編集」とも呼ばれ、不要な部分を取り除き、必要な部分だけを残すことで視聴者にとって見やすく効果的な映像を作成する重要な操作です。この作業により、動画全体がコンパクトになり、視聴者に伝えたい情報をより明確に伝えることができます。

① 再生しながら編集ポイントを見つける

　タイムライン上に動画クリップをドラッグ&ドロップし、[Space]キーを押して動画を再生します。再生中にカットしたいポイントに近づいたら、[Space]キーを押して再生を一時停止します。

第 ④ 章　基本的な動画編集を覚えよう

特徴 2

ていねいな操作解説

1クリック、1画面ごとに説明をしているので、迷わずに操作できます。

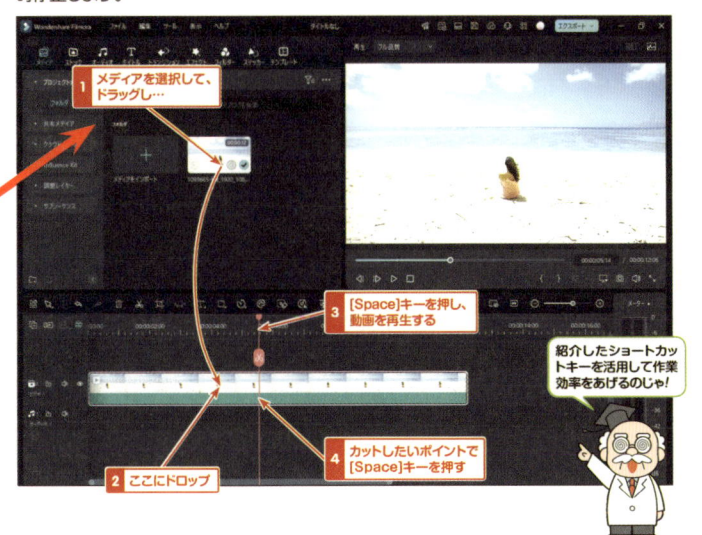

1　メディアを選択して、ドラッグし…

2　ここにドロップ

3　[Space]キーを押し、動画を再生する

4　カットしたいポイントで[Space]キーを押す

紹介したショートカットキーを活用して作業効率をあげるのじゃ！

最新情報について

本書の記述内容において、内容の間違い・誤植・最新情報の発生などがあった場合は、「C&R研究所のホームページ」にて、その情報をいち早くお知らせします。

URL https://www.c-r.com （C&R研究所のホームページ）

■本書で使用している元素材のダウンロード方法

本書で使用している動画・画像の素材は素材サイト「Pexels」から無料ダウンロードできます。

① ページ上部に記載されているURLをWebブラウザに入力する

② **無料ダウンロード ▾** ボタンをクリックし、ダウンロードする

※Pexelsの更新などにより、使用している素材のダウンロードができない場合もございます。その場合は、別な素材を使用していただくなどのご対応をお願いいたします。

---

② 再生ヘッドを正確な位置に移動する

再生を一時停止したら、再生ヘッドをマウスでドラッグして調整し、カットしたい位置を正確に指定します。

特徴 3

操作について登場人物が補足

操作の補足点やプラスアルファな情報を登場人物がコメントで解説しています。

第④章 基本的な動画編集を覚えよう

特徴 4

かゆいところに手が届くHINT

操作に対するテクニック的な説明や、役立つ情報を解説、参照します。

💡 HINT

タイムライン上で、動画クリップの細かいカット位置を見極める際には、ズームイン・ズームアウト機能が非常に便利です。タイムラインのツールバー上にあるスライダーを使って、タイムラインをズームインまたはズームアウトすることができます。ズームインすることで、フレーム単位でのカットや調整がしやすくなります。逆にズームアウトすることで、タイムライン全体を一度に確認でき、全体の編集バランスを把握しながら作業を進めることができます。

ONE POINT

🍃 タイムライン操作のコツ

タイムラインにメディアを構成してもすぐに慣れないかもしれませんが、短いクリップを使って練習するのがおすすめです。キーボードの[Ctrl]キー＋[Z]キーを使えば簡単にやり直しができるので、安心して試してください。

特徴 5

便利なONEPOINT

操作以外にも知っておくと便利なワンポイントを解説しています。

51

CONTENTS

CONTENTS

CONTENTS

CONTENTS

CONTENTS

APPENDIX トラブルシューティングとサポート対応

第 1 章

動画編集ソフト
Filmora

動画編集ソフト 「Filmora」 について

動画編集とは、動画編集ソフトを使用して撮影した映像を整理し、より見やすい動画を作成する作業です。動画内の不要な部分をカットしたり、音楽を追加したりして、視聴者に伝えたいメッセージをより効果的に伝えることができます。たとえば、長い映像の中から面白いシーンだけを選んで短く編集したり、音楽や文字を加えて映像をより楽しく見せることができます。

動画編集ソフト 「Filmora」

Filmora（読み：フィモーラ）は、ソフトウェアメーカーのWondershare社が提供している、初心者から上級者まで使いやすい動画編集ソフトです。このソフトは、わかりやすい操作画面と豊富な素材が揃っているため、初めて動画編集をする人でも簡単にプロのような動画を作ることができます。

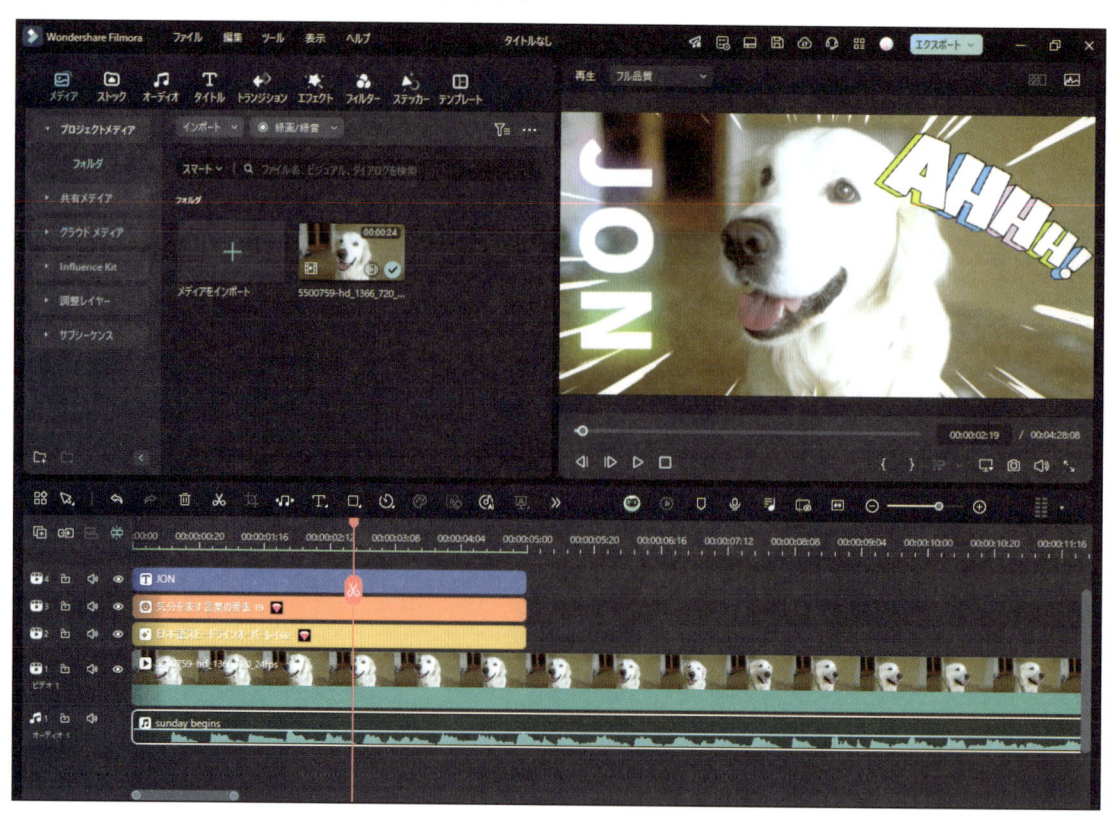

Filmoraの特徴とメリット

Filmoraの主な特徴とメリットは以下の通りです。

◆ 使いやすさ

Filmoraは、直感的な操作が可能です。たとえば、動画や写真を画面にドラッグ&ドロップするだけで簡単に編集が始められます。ボタンやアイコンもわかりやすく、初めての方でもすぐに使い方を覚えることができます。また、編集画面の色の変更や各パネルはサイズの調整が可能であり、作業がしやすいようにカスタマイズできます。

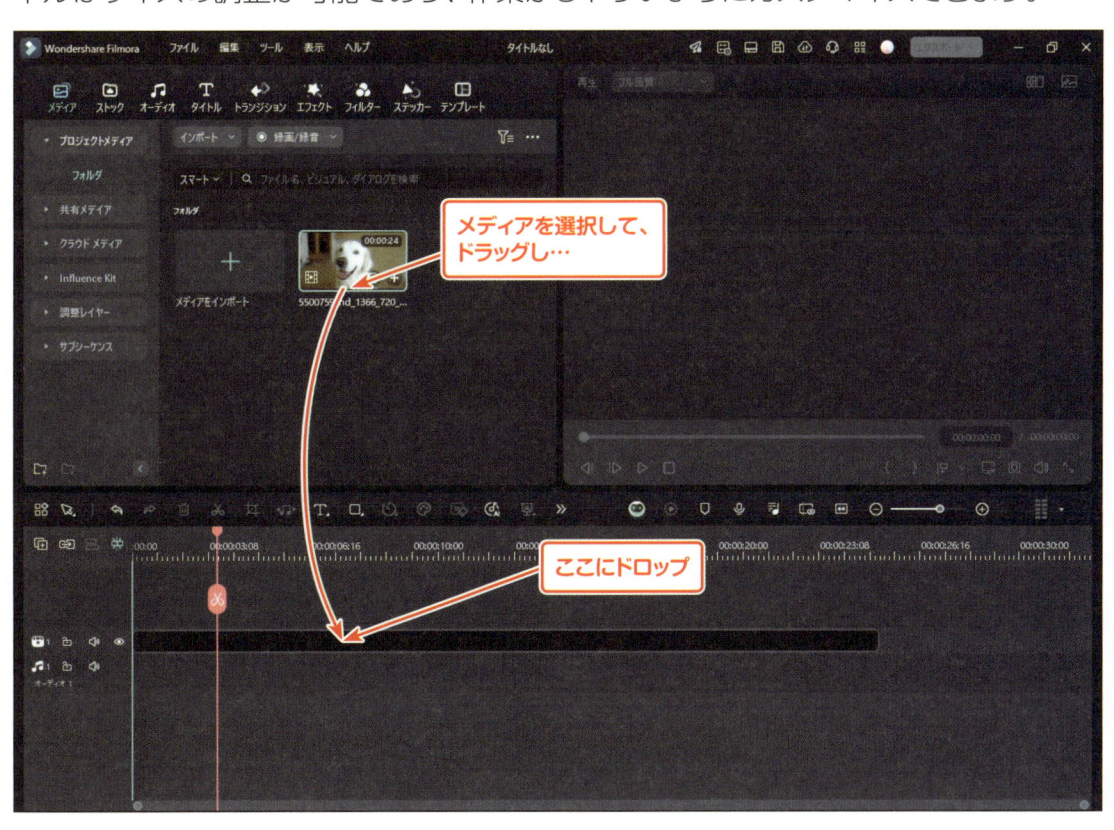

◆ 豊富な素材とエフェクト

Filmoraには、たくさんの音楽や効果音、動く文字やイラストなどが用意されています。これらの素材を使うことで、簡単に楽しい動画を作ることができます。たとえば、お祝いの動画にキラキラのエフェクトを追加したり、旅行の動画に楽しい音楽を入れることができます。

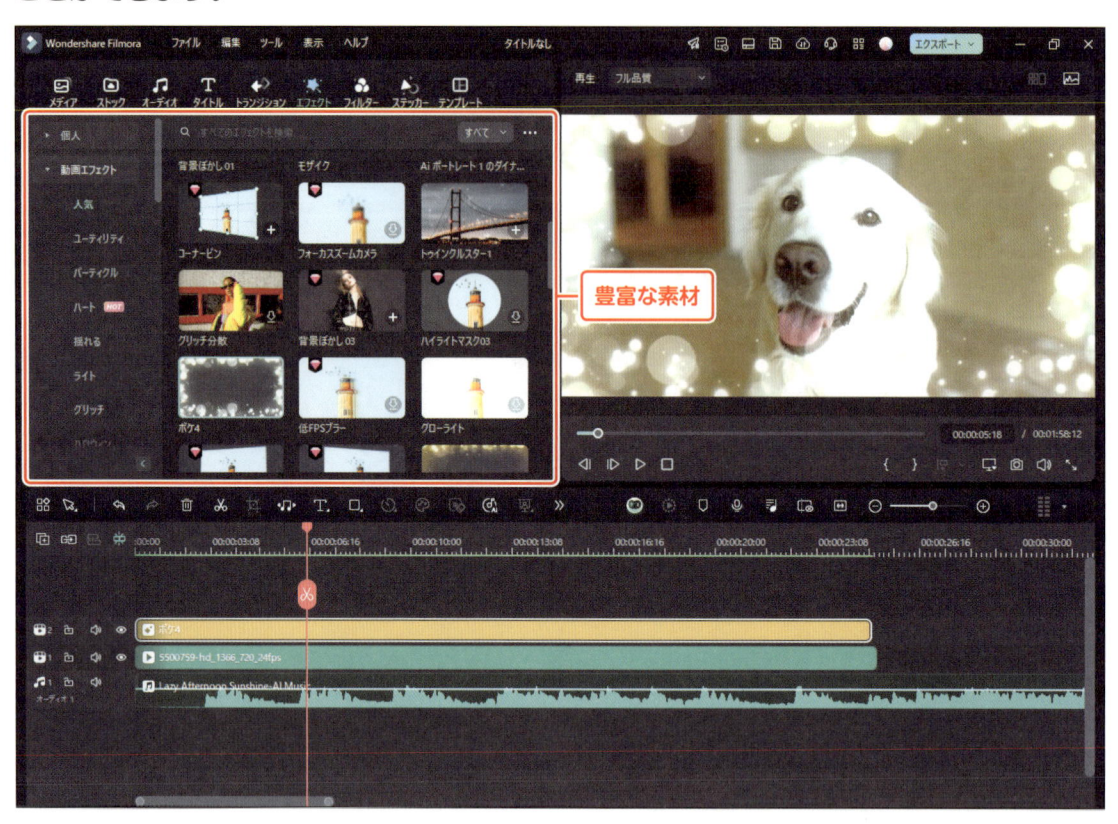

◆ お手頃価格

Filmoraには無料版と有料版があります。無料版でも基本的な機能を利用することができますが、作成した動画にウォーターマークが入ります。有料版では、ウォーターマークが除去されます。そして、有料版にアップグレードするとさらに多くの素材や機能が利用可能です。それでもリーズナブルな価格設定で、初心者にも優しいソフトです。

Filmoraには、さまざまなライセンスが用意されています。利用目的に応じて、最適なライセンスを選ぶことが重要です。利用目的や予算に合わせて、これらのライセンスの中から最適なものを選びましょう。

たとえば、個人の趣味として使用する場合は、年間プランや永続ライセンスが適しています。複数のデバイスで使用する場合には、マルチプラット年間プランが便利です。最新機能を常に利用したい場合は、年間プランが最適です。

次の表は、主なライセンスの種類とその特徴です。

プラン	価格(税込)	プラン内容
無料体験版	無料	基本的な編集機能が使用できる。無料で使用できる素材もあるが、使用できる数が制限される。出力時にウォーターマークが入る。100 AIクレジット(初回ログイン時のみ付与)。クラウドストレージ付与なし
ベーシック年間プラン	6,980円/年	毎年更新が必要なサブスクリプション型のライセンス。契約期間中にリリースされるすべてのアップデートとアップグレードが無料で提供される。100 AIクレジット(初回ログイン時のみ付与)。クラウドストレージ1GB付与
アドバンス年間プラン	7,980円/年	複数のデバイス(Windows、Mac、iPhone、Android)でFilmoraを使用できるライセンス。契約期間中のすべてのアップデートとアップグレードが無料で提供される。毎月1000 AIクレジット付与。クラウドストレージ10GB付与
永続ライセンス	8,980円	一度購入すると、購入したバージョンのFilmoraのみを無期限で使用できるライセンス。アップデートには対応しないが、1000 AIクレジットが付与される。クラウドストレージ1GB付与

(価格は2024年11月4日現在のもの)

プラン別の詳しい機能は公式サイトをご覧ください。
`URL` https://filmora.wondershare.jp/buy/win-video-editor.html

◆WindowsとMac両方に対応

Filmoraは、WindowsとMacのどちらでも使用できるので、自分のパソコンに合わせて選ぶことができます。どちらの環境でも同じように使えるため、安心して使い始めることができます。

AI機能と高度な編集機能

Filmoraは、動画編集に役立つさまざまなAI機能と高度な編集機能を提供しています。これらの機能により、初心者でも簡単にプロフェッショナルな仕上がりを実現することが可能です。特に、AI機能は編集作業を自動化し、効果的かつ迅速に映像を加工することができる点が魅力です。また、高度な編集機能を活用することで、より洗練された動画作りを行うことができます。

◆AI機能

　AI機能には、動画編集を効率化するさまざまなツールが含まれます。これらは、クレジットを消費するものと消費しないものがあり、クレジットが必要な機能を使用する場合は、最初に付与される100クレジットを使って試すことが推奨されます。次の3つは本書で紹介するAI機能です。

- ・AIスマートカットアウト：被写体を自動で切り抜き、背景を変更する機能です。
- ・AIフェイスモザイク：動画全体の顔を自動的に識別し、追跡します。面倒な手動編集の必要がなく、被写体が動いても正確なモザイクをかけられます。
- ・AIサウンドエフェクト：動画内の特定の音や効果音をAIが自動で生成・適用する機能です。

　これらはAI機能の一部に過ぎず、Filmoraには他にも多くのAI技術が搭載されています。各機能は、映像の質を高めるだけでなく、編集の手間を大幅に削減することができます。今後の章では、これらのAI機能の使い方を詳しく解説し、さらに多くのAI機能の紹介を行います。

AIスマートカットアウト

◆ 高度な編集機能

　高度な編集機能は、初心者でも簡単に操作できるよう設計されています。これらの機能を使うことで、より高度な編集作業が可能になり、編集の楽しさが広がります。Filmoraにはここで紹介する機能以外にも、さまざまな高度な編集ツールが備わっており、動画編集がさらに楽しくなること間違いありません。次の4つは高度編集の一部機能です。

- 平面トラッキング：平面上に配置したテキストや画像を動画内で自然にトラッキングする機能です。
- モーショントラッキング：被写体の動きを追跡し、テキストやグラフィックを動きに合わせて配置します。
- マルチカメラ編集：複数のカメラで撮影された映像を同時に編集し、異なる視点を簡単に切り替えられます。
- スピードランプ：　映像のスピードを部分的に変化させ、ダイナミックな効果を演出します。

　これらの高度な編集機能をうまく活用すれば、動画編集がよりクリエイティブで楽しいものになります。動画編集初心者でも安心して使えるように設計されているため、自信を持って挑戦してみてください。

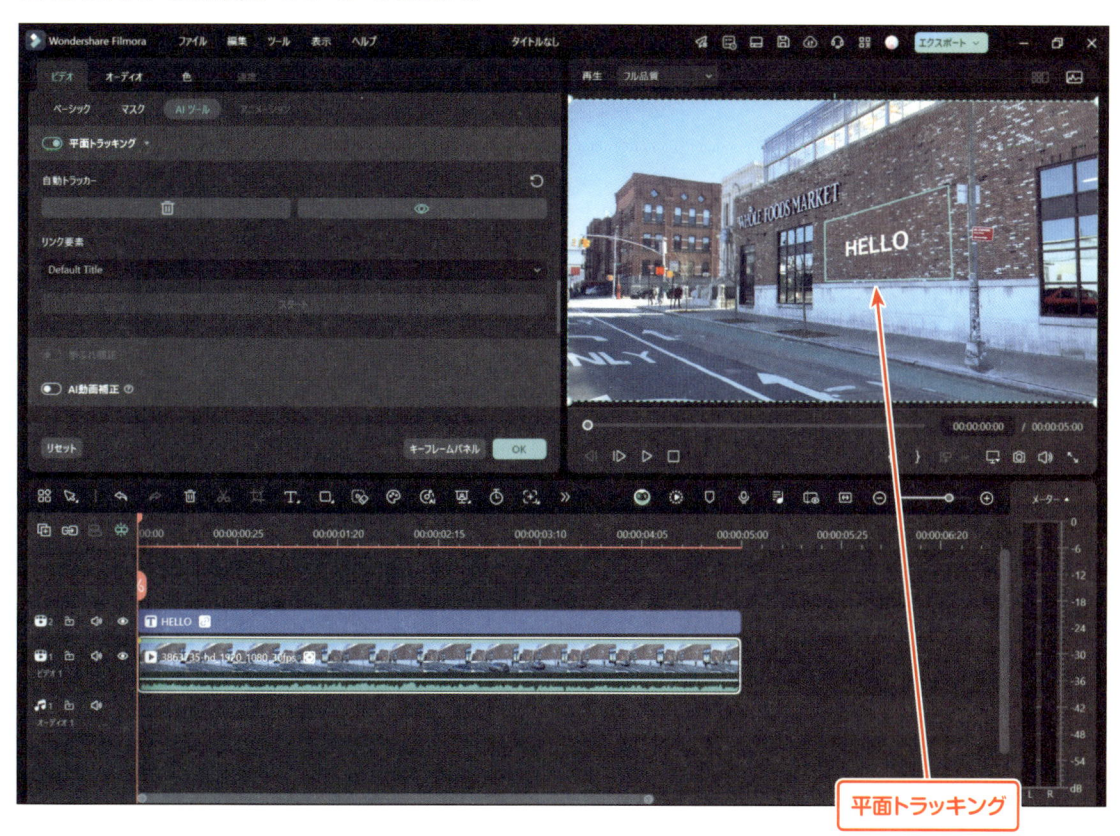

平面トラッキング

第 2 章

Filmoraを
インストールして
みよう

02 推奨スペックの確認方法

Filmoraを快適に使用するには、パソコンのスペックが重要です。ここではFilmoraをスムーズに動作させるために、Windowsの必要なスペックについて、詳しく説明します。

推奨スペックの確認

Filmoraの公式サイトでは、推奨されるシステム要件が明示されています。これらの要件を確認することで、パソコンがソフトウェアに対応しているかを判断できます。

項目	推奨スペック
対応OS	Windows 7/Windows 8 (Windows 8.1を含む) /Windows 10/Windows 11
CPU (中央処理装置)	Intel i3以上のマルチコアプロセッサ、2GHzまたはそれ以上。HDおよび4KビデオにはIntel第6世代以降のCPUを推奨
GPU (グラフィックカード)	Intel HD グラフィックス5000またはそれ以上。NVIDIA GeForce GTX 700またはそれ以上。AMD Radeon R5またはそれ以上。2GB vRAM (HDまたは4K動画の場合は、4GB以上が必要)
メモリ (RAM)	実際使用可能のメモリ最小限8GB。HDまたは4K動画の場合は、16GB以上が必要
ディスク容量	インストールのため、最低10GBのHDD空き容量が必要。HDまたは4K動画を編集する場合、SSD推奨

詳しい内容は公式サイトもご確認ください。

URL https://filmora.wondershare.jp/tech-spec.html

パソコンがソフトウェアに対応していないと、インストールできなかったりソフトがうまく動作しないのじゃ！始める前に要チェックじゃぞ！

どのパソコンでも使えるわけじゃないのね

自分のパソコンのスペックの確認方法

Windows 11のスペックの確認方法を説明します。

① 「設定」を開く

画面下の「スタート」アイコン（Windowsマーク）をクリックし、開いたメニューから「設定」をクリックします。

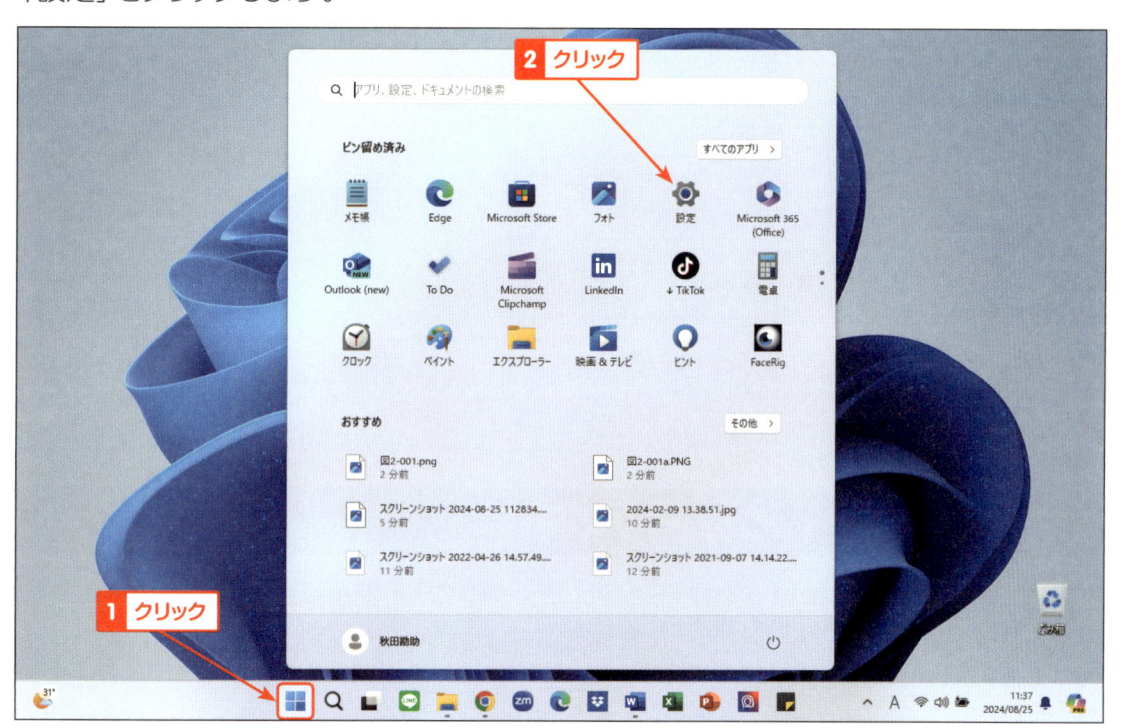

② 「バージョン情報」を開く

設定ウィンドウから「システム」をクリックし、開いたメニューから「バージョン情報」をクリックします。「バージョン情報」を開くと、プロセッサや実装RAM、バージョンなどのスペックが表示されます。

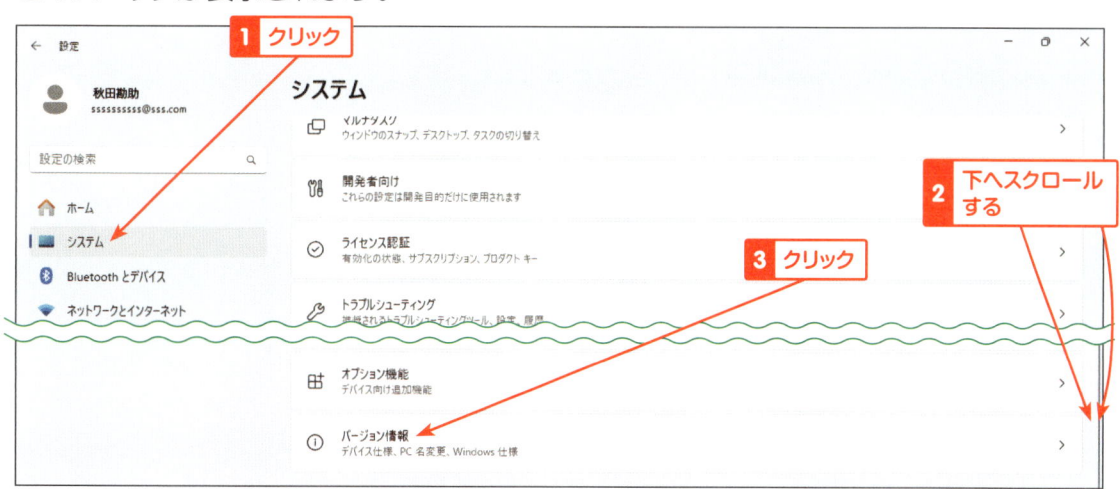

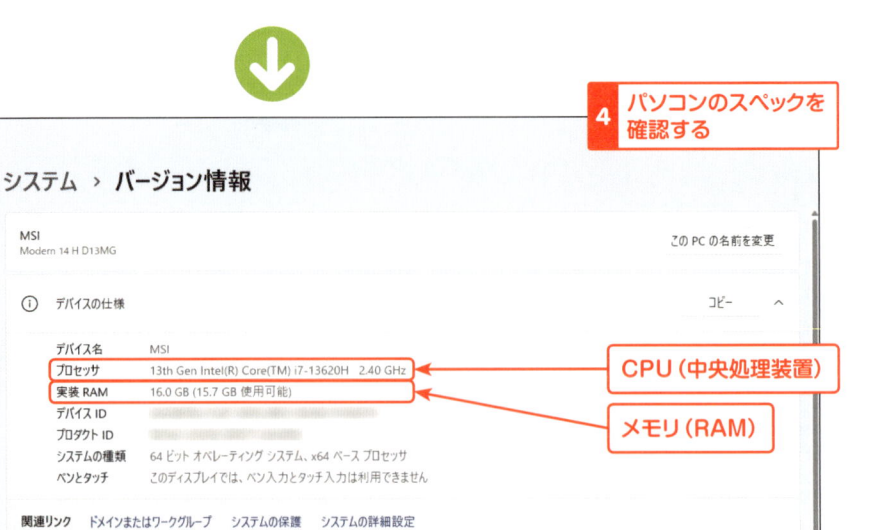

GPU（グラフィックカード）の確認

GPU（グラフィックカード）とはパソコンのディスプレイ表示に重要な役割を担っています。自身のパソコンのGPUモデルを確認しましょう。

① 「ディスプレイ」を開く

GPU（グラフィックカード）の情報を確認するには、再度「システム」メニューに戻り、「ディスプレイ」をクリックして開きます。

② 「ディスプレイの詳細設定」を開く

　開いた「ディスプレイ」メニューから「ディスプレイの詳細設定」をクリックします。表示されたディスプレイの詳細設定の画面の「内部ディスプレイ」の項目で、接続されているディスプレイのGPUモデルを確認できます。

高機能なGPUだと動画の再生やアニメーションなど複雑な処理がスムーズになるよ

ストレージの確認

次に、ストレージの空き容量を確認します。

① 「ストレージ」を開く

再度「システム」をクリックして、開いたメニューから「ストレージ」をクリックします。「ストレージ」を開くと、パソコンに接続されているドライブとその空き容量が確認できます。Filmoraのインストールには最低10GBの空き容量が必要です。

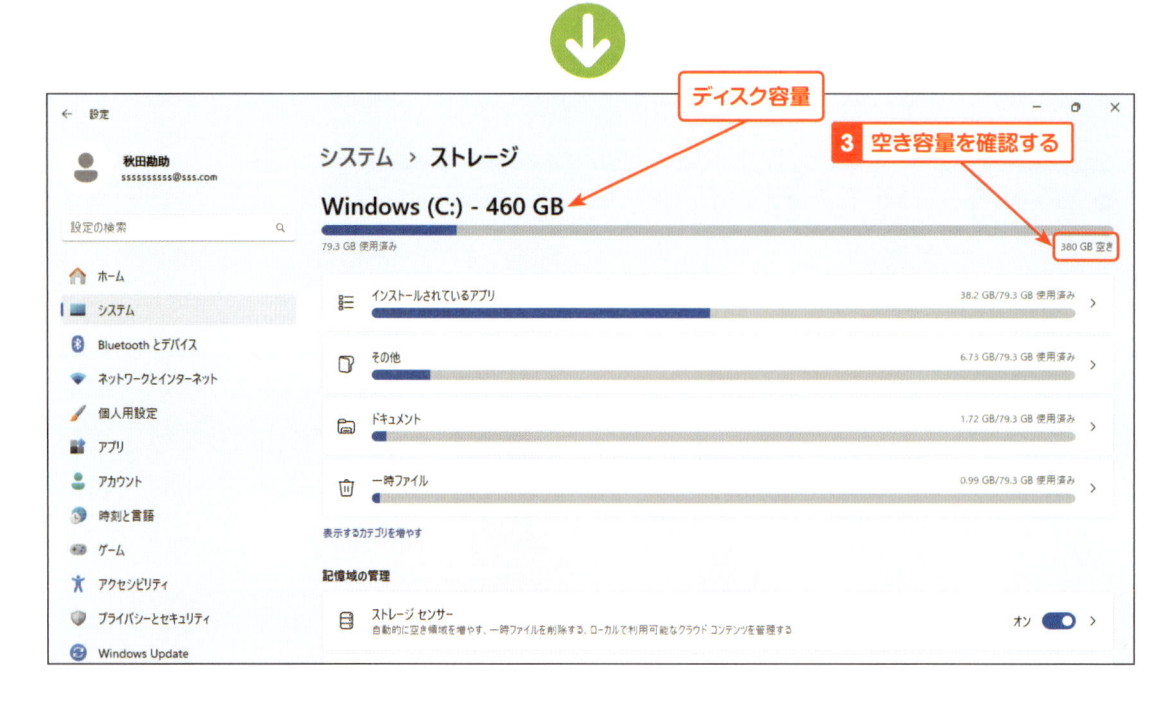

 **ONE POINT**

推奨スペック確認項目のそれぞれの役割

ここで確認したスペックが、使用しているパソコンでどういう役割を担っているのかを説明します。

◇ OS

Operating System（オペレーティングシステム）の略でパソコンのシステム全体の管理とアプリケーションを動かす役割があります。

◇ CPU（中央処理装置）

CPUはパソコンの「頭脳」に相当し、ソフトウェアを動かすための計算や処理を行います。CPUの性能が高いほど、複数のタスクを同時に処理でき、動画編集の動作がスムーズになります。

◇ GPU（グラフィックカード）

GPUは、映像や画像の処理を担当する装置で、特に高解像度の動画やゲーム、3Dグラフィックスの表示において重要です。

◇ メモリ（RAM）

メモリは、パソコンが同時に処理できるデータの量を決定する装置です。メモリ容量が大きいほど、より多くのデータを一度に処理でき、動画編集ソフトがスムーズに動作します。

◇ ディスク容量

ディスクは、データを保存する場所であり、容量が大きいほど多くのファイルを保存できます。特に、SSDを使用すると動画編集作業がスムーズになり、ファイルの読み込みや保存が迅速に行えます。

Filmoraの Mac版

Filmoraには、Windows版のほかにMac版の提供もあります。Mac版の推奨スペックの確認は公式サイトをご覧ください。

URL https://filmora.wondershare.jp/mac-tech-spec.html

MacのApple M1チップ

MacのApple M1チップは、従来のIntelプロセッサよりも省電力で高性能です。統合型GPUを搭載しており、映像処理に優れています。特に4K動画編集やエフェクト処理が高速で、作業効率が向上します。本書ではWindowsを使用し解説を進めますが、Filmoraをより快適に使用したい場合、M1チップ搭載のMacを選ぶとよいでしょう。

Filmoraのダウンロード方法

Filmoraをダウンロードするには、Filmora公式サイトからソフトウェアを取得する必要があります。

インストーラーのダウンロード

インストーラーとは、コンピューターにアプリケーションソフトをインストールする際に利用するソフトウェアのことです。Filmoraをパソコンにインストールするためのインストーラーを、公式サイトからダウンロードします。

① Filmora公式サイトを開く

Webブラウザを起動し、Filmora公式サイト（https://filmora.wondershare.jp/）にアクセスします。

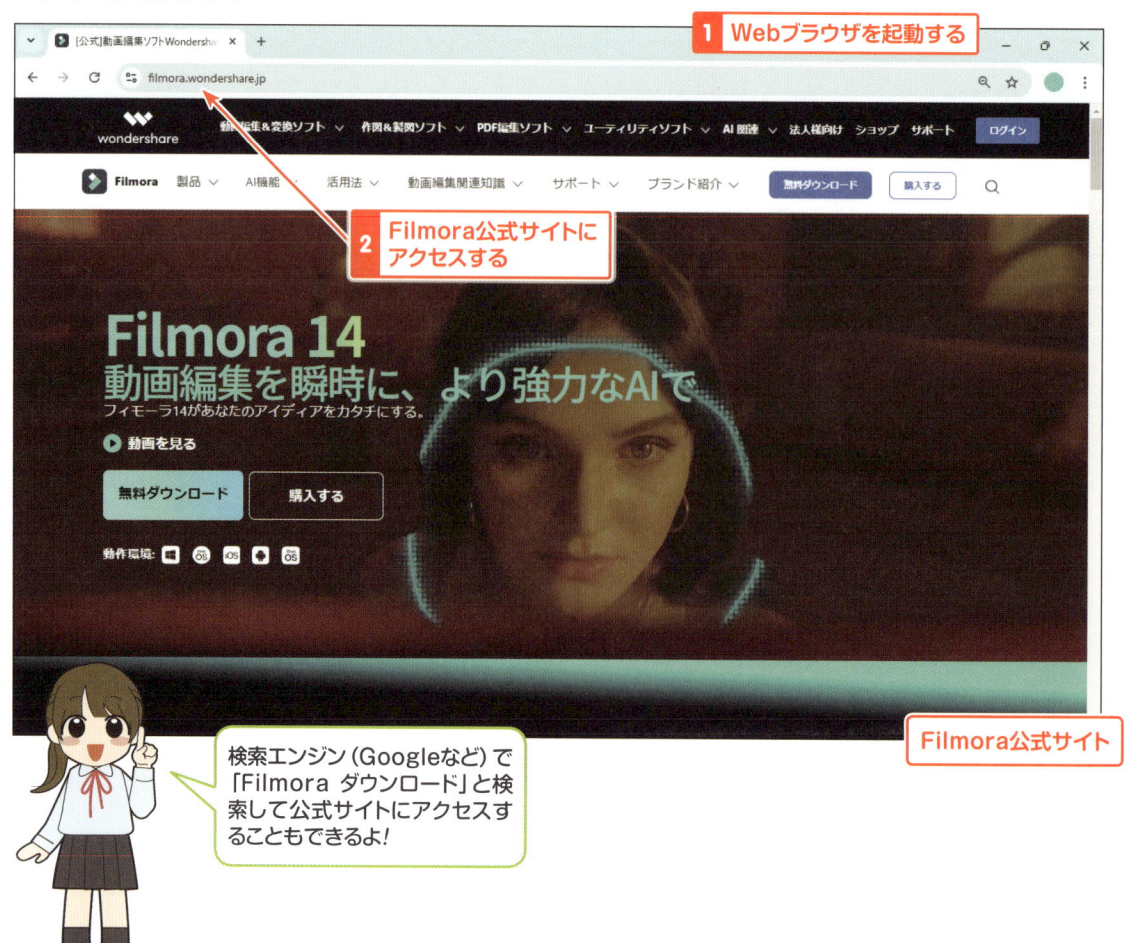

検索エンジン（Googleなど）で「Filmora ダウンロード」と検索して公式サイトにアクセスすることもできるよ!

② インストーラーのダウンロード

　Filmora公式サイトのトップページにある「無料ダウンロード」ボタンをクリックします。ボタンをクリックすると、自動的にFilmoraのインストーラーがパソコンへダウンロードされます。ダウンロードが完了すると、パソコンのダウンロードフォルダにインストーラーが保存されます。

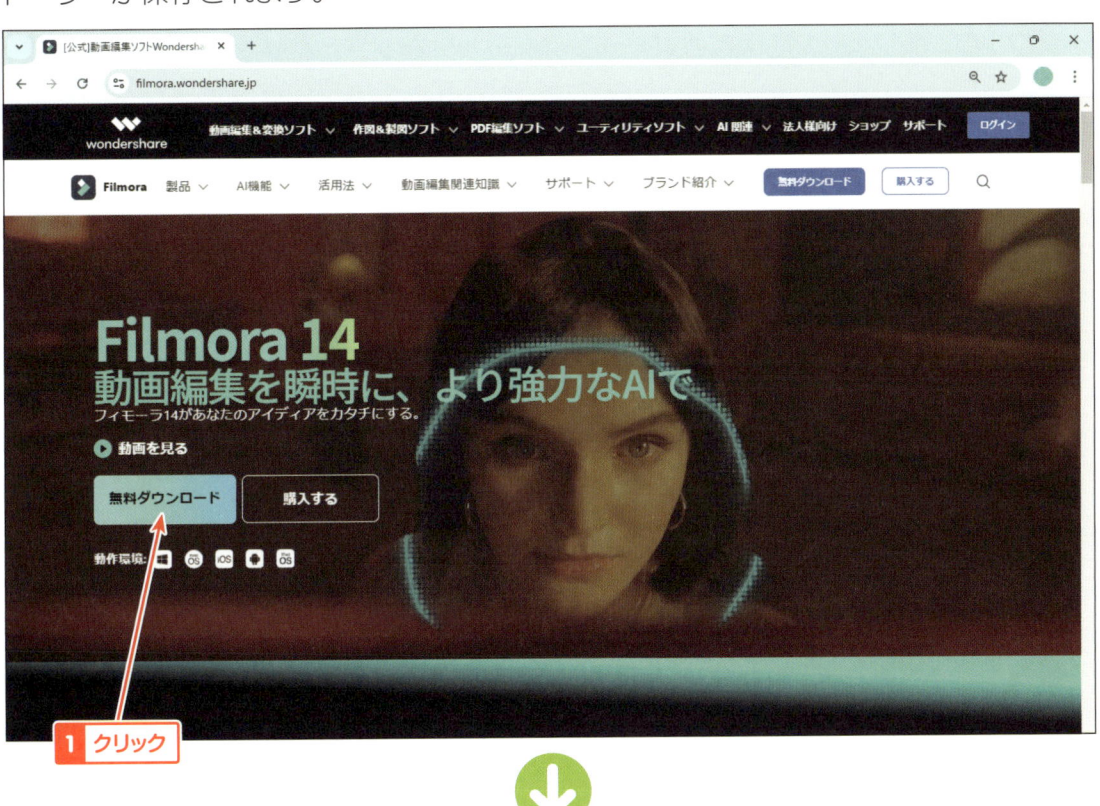

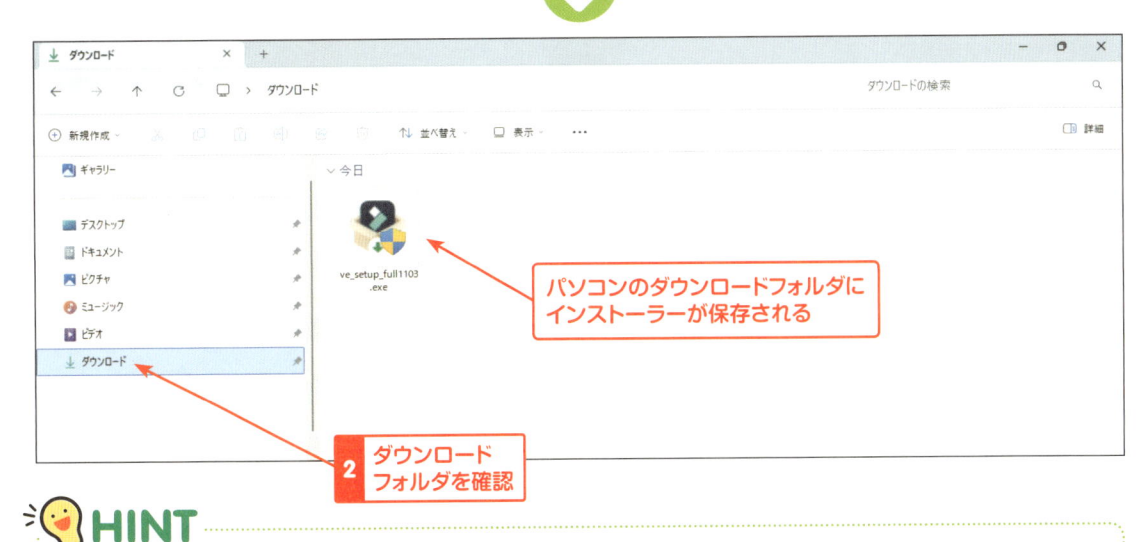

HINT

　ダウンロード速度は、インターネットの接続状況によって異なります。特に、Wi-Fi接続を利用している場合は、接続が安定していることを確認してください。

ソフトウェアのインストール手順

インストーラーのダウンロードが完了したら、次はFilmoraのソフトウェアをパソコンにインストールします。

① インストーラーの起動

ダウンロードフォルダに保存されたインストーラーをダブルクリックして起動します。これにより、インストールウィザードが表示されます。利用規約が表示されるので、内容を確認してチェックボタンにチェックを入れ、「インストール」ボタンをクリックします。クリック後、インストールが開始されます。

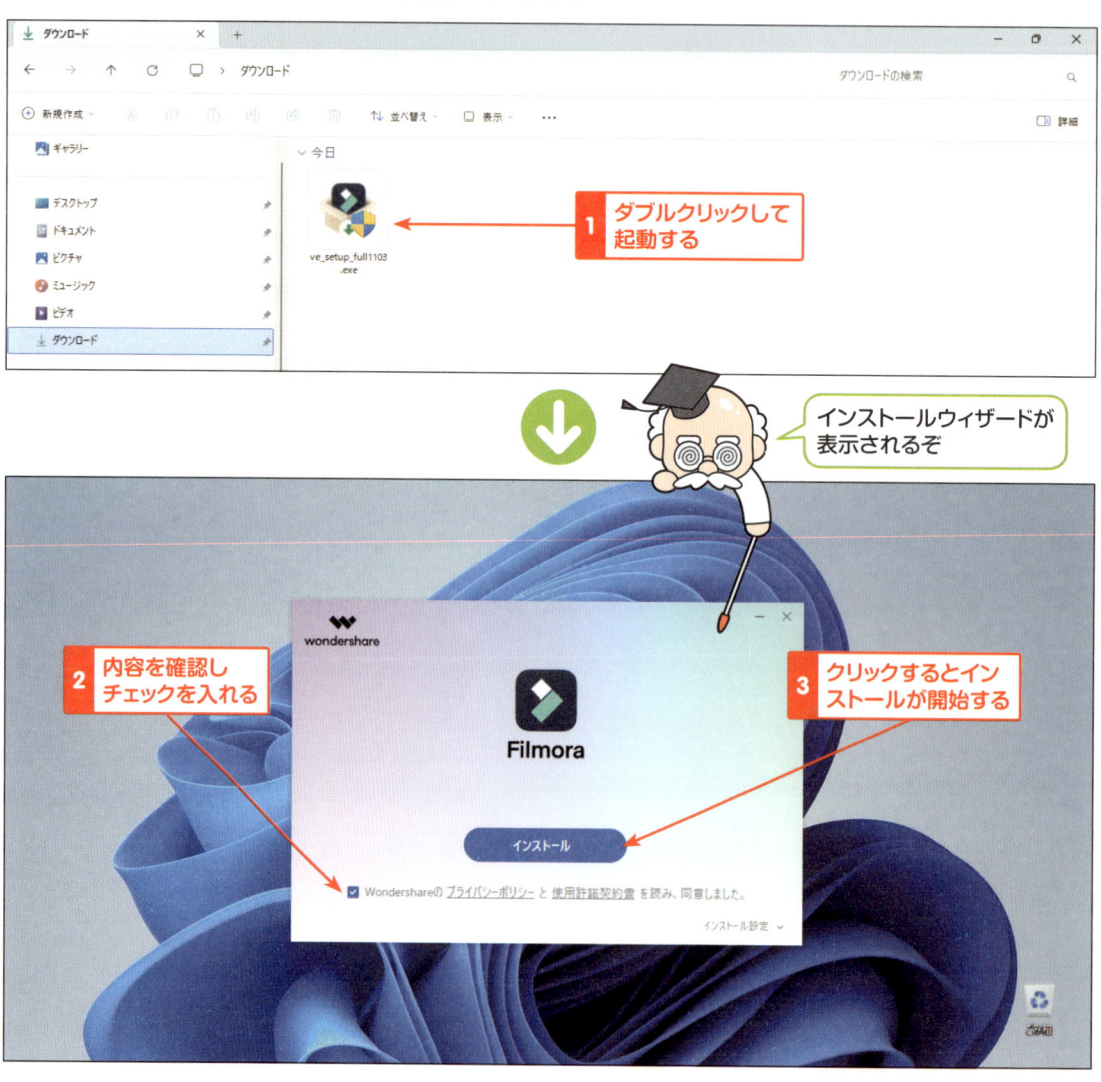

②インストールの進行、完了

　ダウンロードが進みインストール後、別途Webブラウザが立ち上がり、インストール完了メッセージが表示されます。インストールプロセスの「今すぐ開始」ボタンをクリックするとインストールプロセスが終了し、Filmoraが自動で立ち上がります。これでFilmoraがパソコンにインストールされました。

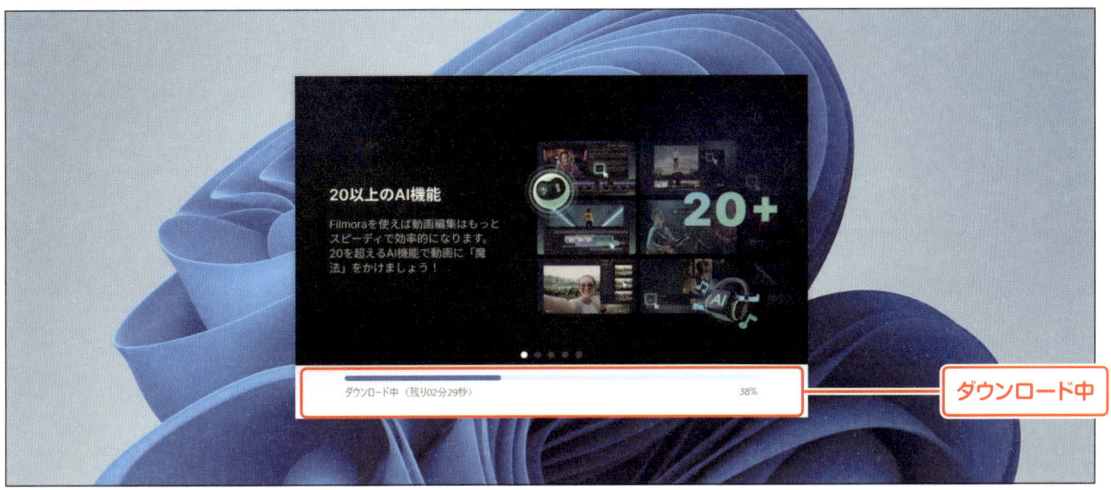

ダウンロード中

インストール完了

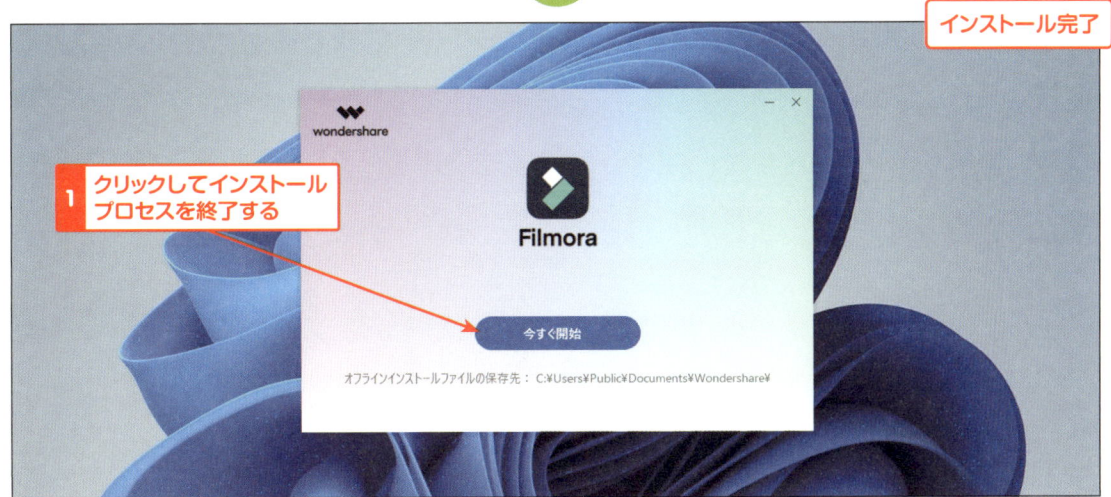

HINT

　インストールがうまくいかない場合は、パソコンのセキュリティソフトやファイアウォールの設定が原因かもしれません。一時的にこれらを無効にしてから再試行してみてください。

04 初回起動とアカウント作成

Filmoraのインストールが完了したら、次はソフトウェアを初めて起動し、設定を行うステップです。また、Filmoraを使用するにはアカウントの作成が必要です。初心者の方でも安心して進められるように、初回起動からアカウント作成までの手順を詳しく解説します。

Filmoraを初めて起動する

Filmora 14のインストールが完了し、「今すぐ開始」ボタンをクリックすると、自動的にFilmoraが立ち上がり、以下のようなウェルカムメッセージが表示されます。この画面ではFilmora 14に搭載されたAI機能について簡単に紹介されています。FilmoraのAI技術により、動画編集がよりスムーズに、効率的に行えるようになりました。画面中央の「開始」ボタンをクリックして、Filmora 14のインターフェースに進んでください。

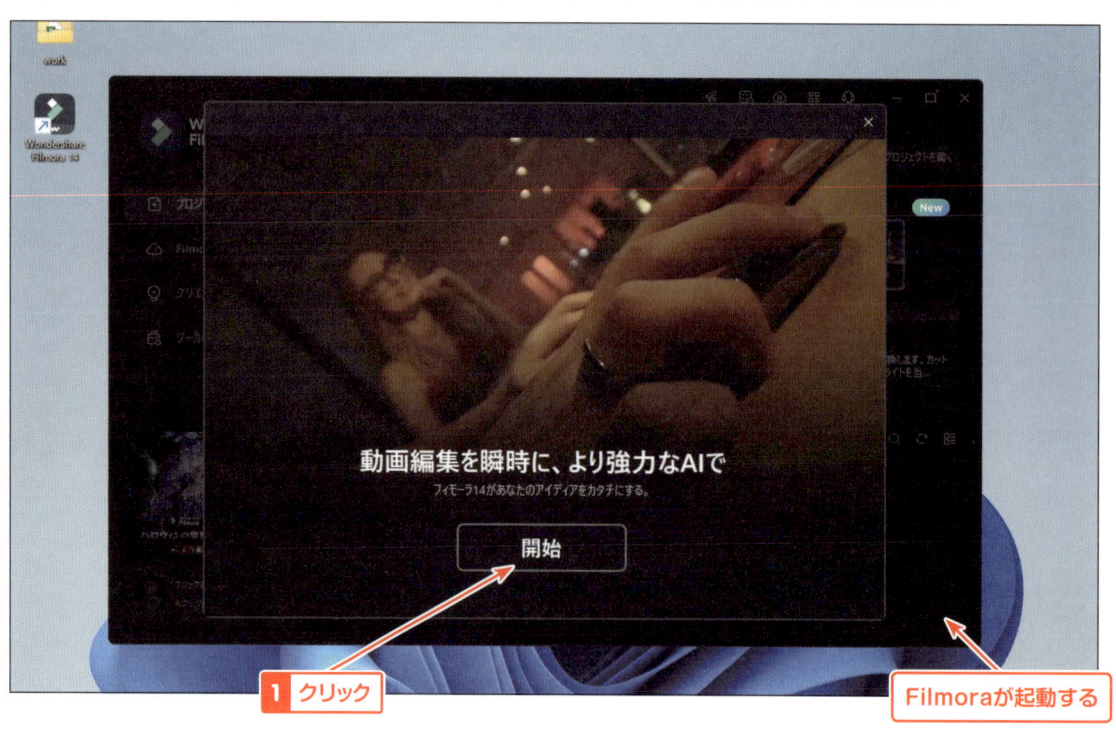

アカウント作成の手順

　「開始」ボタンをクリック後、Wondershare IDのログイン画面が表示されます。この
ステップでは、Filmoraの利用を開始するために、Wondershare IDの新規アカウント作
成手順を進めていきます。Filmoraでは、GoogleやFacebook、X（旧Twitter）といった
ソーシャルメディアアカウントを使用して登録・ログインすることも可能です。

①アカウント作成

　Wondershareのアカウントを初めて作る場合は、ログインボタン下の「アカウント
作成」の文字をクリックします。表示されたアカウント作成画面で、登録するメールアド
レスとパスワードを入力してください。入力内容を確認したら、「アカウント作成」ボタ
ンをクリックして、登録を完了させます。

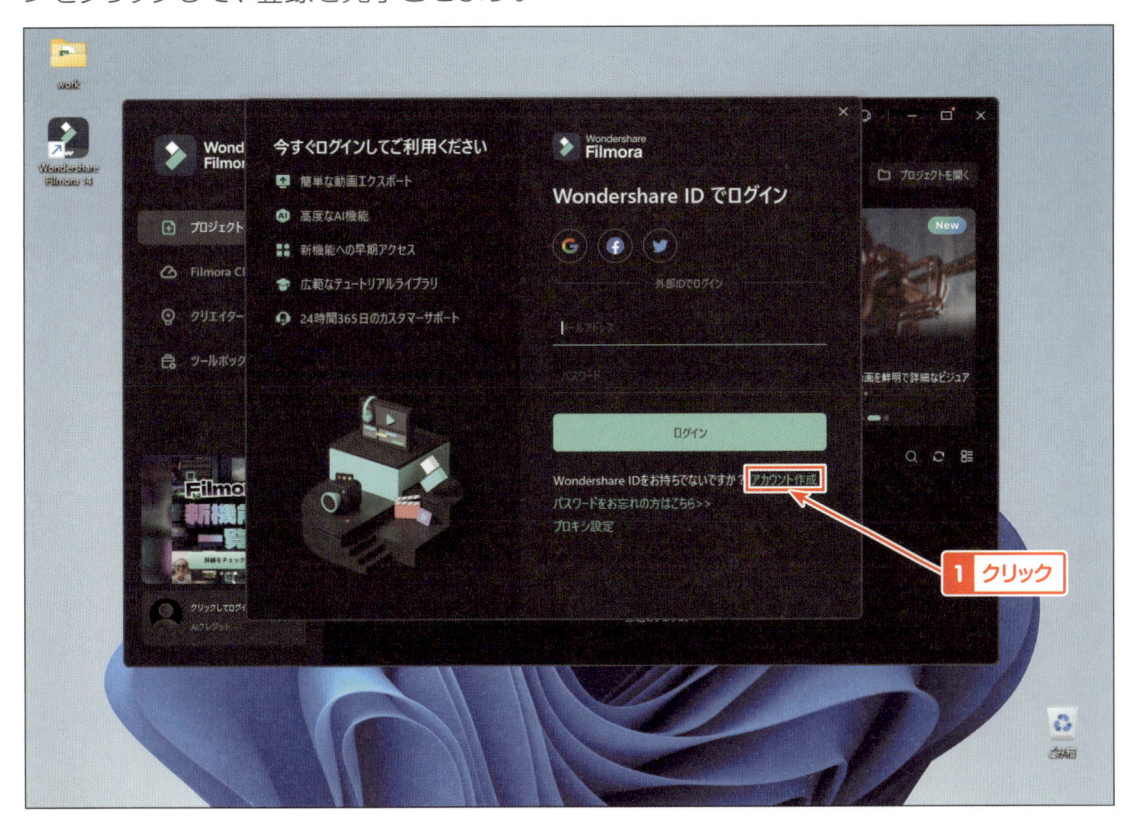

HINT

　すでにアカウントを取得している場合は、メールアドレス、パスワードを入力し、
「ログイン」ボタンをクリックしてログインをしましょう。

アカウント作成の画面に
切り替わる

2 メールアドレスと
パスワードを入力する

今すぐログインしてご利用ください

簡単な動画エクスポート

高度なAI機能

新機能への早期アクセス

広範なチュートリアルライブラリ

24時間365日のカスタマーサポート

Wondershare
Filmora

Wondershare ID を作成する

外部IDでログイン

sssssssss@sss.com

アカウント作成

ログインに戻る

「アカウントの作成」をクリックすると、 利用規約 と プライバシーポリ
シー を読み、同意したものとみなされます。

メールアドレスは正確に入力、
パスワードはセキュリティを
考慮して設定するのじゃ!

3 クリック

② アカウント作成完了

　スタートページに戻ると、「クリックしてログイン」ボタンがアカウントのボタンに変わり、登録したメールアドレスが表示されます。これで登録、ログインは完了です。また、登録したメールアドレスに確認メールが送信されます。受信トレイを確認しましょう。

Wondershare
Filmora

アスペクト比　16:9　9:16　その他

プロジェクトを開く

プロジェクト作成

Filmora Cloud

クリエイターハブ

ツールボックス

新しいプロジェクト

AI動画生成　AI顔モザイク処理　AI動画補正　スマートBGMジェ…

スマートシーンカット
ハイライトや人物が登場するシーンを抽出して編集効率
を高めます。

ローカルプロジェクト

最大58%OFF
ハロウィンセール
期間限定
無料素材も配布中!

sssssssss@sss.com

AIクレジット 100

最近のプロジェクト

これでFilmoraを
始められるね!

登録したメールアドレスが
表示される

第 3 章

動画をパソコンに
取り込もう

カメラやスマートフォンからの動画取り込み

Filmoraで動画編集を始めるには、まずはカメラやスマートフォンで撮影した動画をパソコンに取り込む必要があります。

動画を取り込む際には、カメラを直接パソコンに接続する方法、SDカードを使用する方法、そしてスマートフォンを使用する方法の3つがあります。ここでは、それぞれの手順を説明します。

カメラをUSBケーブルまたはHDMIケーブルで接続する方法

カメラの電源を入れ、USBケーブルまたはHDMIケーブルでカメラとパソコンを接続します。接続方法はカメラの機種によって異なりますが、次の手順を参考にしてください。

◆USBケーブルを使用する場合

カメラをUSBケーブルでパソコンに接続します。パソコンがカメラを自動的に認識し、デバイスとして表示されます。

◆HDMIケーブルを使用する場合

HDMIケーブルを使用してカメラとパソコンを接続します。この方法では、高画質の動画をリアルタイムでパソコンに取り込むことが可能です。ただし、パソコンにHDMI入力端子がない場合は、HDMI入力をサポートするキャプチャカードや外付けのキャプチャデバイスが必要になることがあります。これらのデバイスを使用することで、カメラからのHDMI映像をパソコンに取り込むことができます。

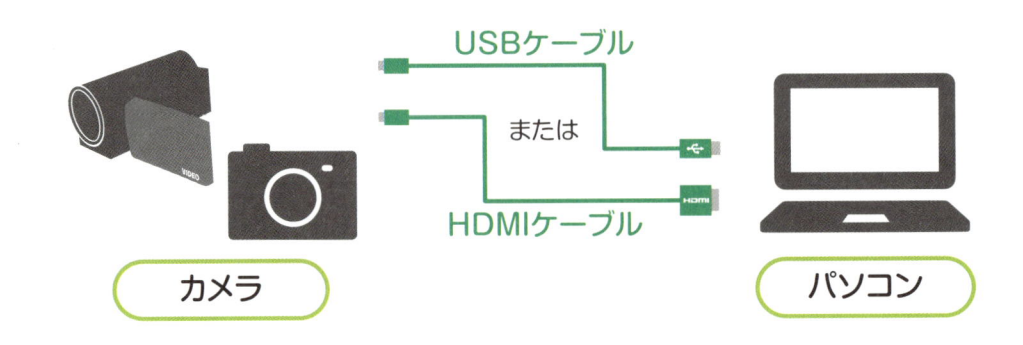

SDカードを使用する方法

カメラからSDカードを取り出し、パソコンのSDカードスロットに挿入します。パソコンがSDカードを自動的に認識し、エクスプローラーにSDカードが表示されます。ただし、パソコンにSDカードスロットがない場合は、別途SDカードリーダーを用意する必要があります。SDカードリーダーは、USBポートに接続することでSDカードを読み取るデバイスです。

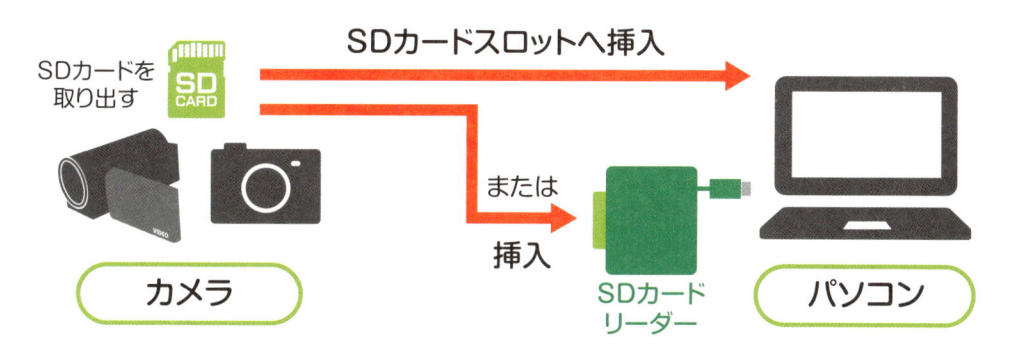

HINT

カメラからパソコンに動画を取り込む際は、カメラの機種ごとに異なる手順がある場合があります。詳しい操作方法は、お使いのカメラのマニュアルを確認してください。各機種のマニュアルには、取り込みに関する詳細な手順が記載されていますので、まずはそちらを参照することをお勧めします。

スマートフォンを使用する方法

スマートフォンで撮影した動画をパソコンに取り込むには、USBケーブルやクラウドサービスを使用します。

◆USBケーブルを使用する場合

スマートフォンとパソコンをUSBケーブルで接続します。スマートフォンの画面に「ファイル転送モードを選択してください」と表示された場合は、「ファイル転送」を選択します。パソコンのエクスプローラーにスマートフォンが表示され、そこから動画ファイルを選んでコピーします。

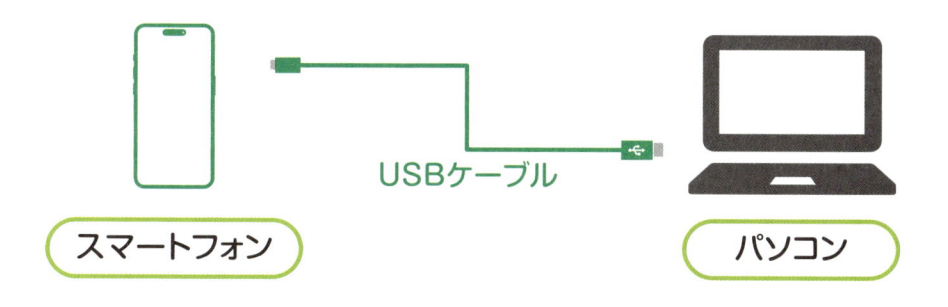

　カメラ、スマートフォンをUSB、HDMIケーブルで接続する場合、カメラやSDカード、スマートフォンがパソコンに認識されたら、動画ファイルをパソコンにコピーする必要があります。

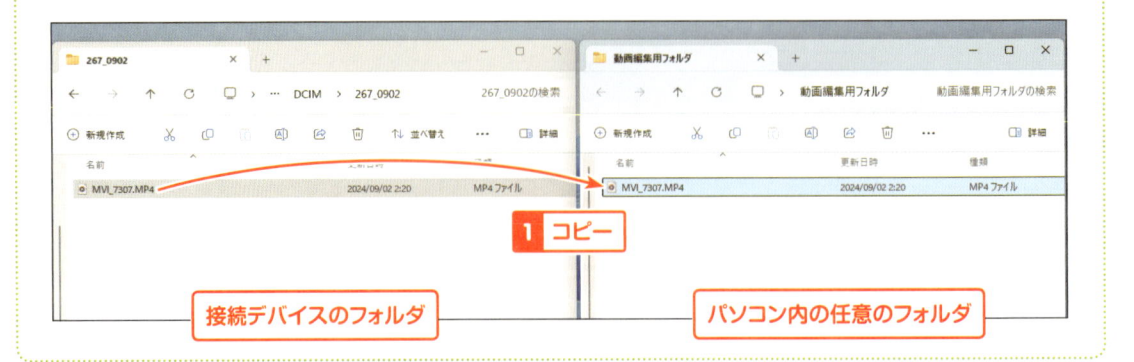

◆クラウドサービスを使用する方法

　スマートフォンで動画をクラウドサービス（GoogleドライブやiCloudなど）にアップロード後パソコンでクラウドサービスにアクセスし、動画をダウンロードします。ここではGoogleドライブを使用した方法を解説します。

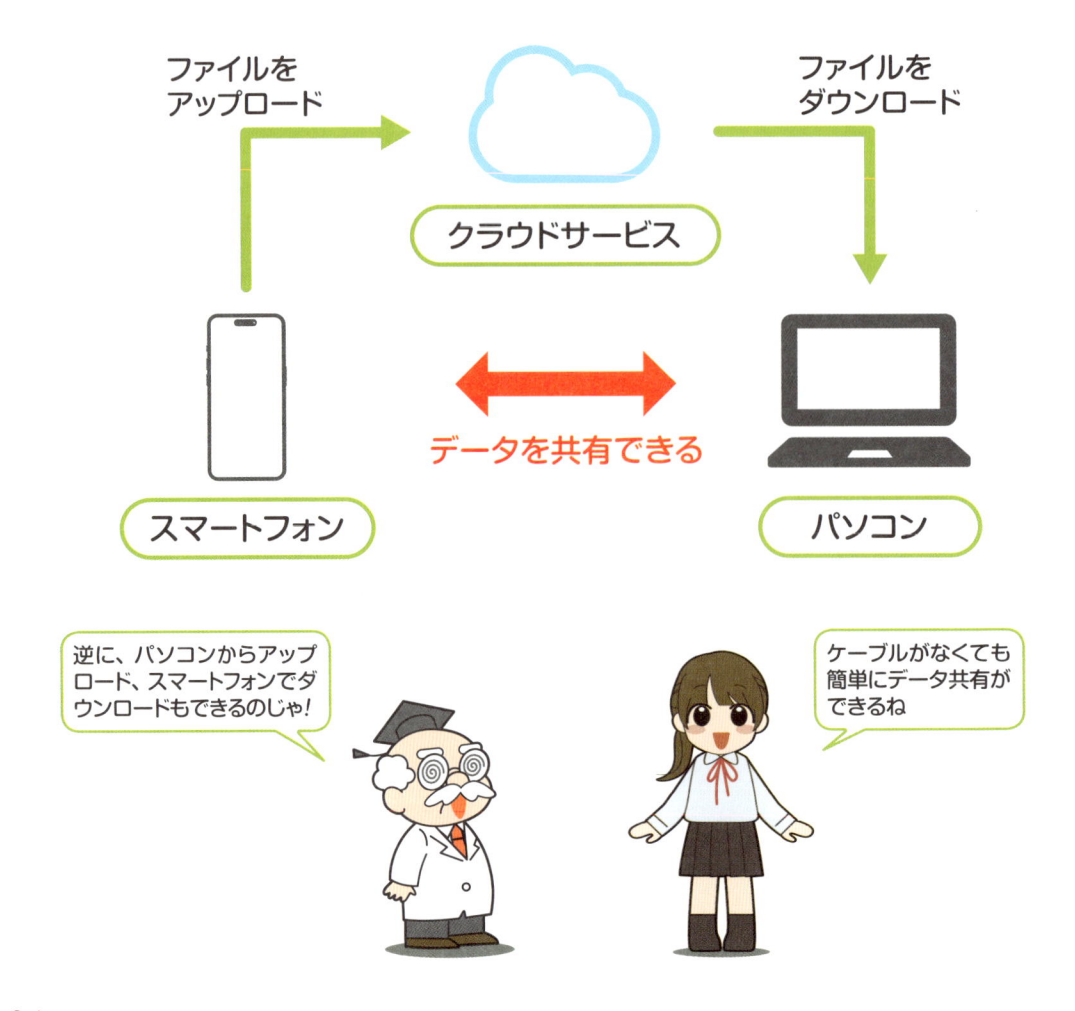

① Googleドライブの起動

スマートフォンから、Googleドライブのアプリをタップして起動します。「＋新規」ボタンをタップします。

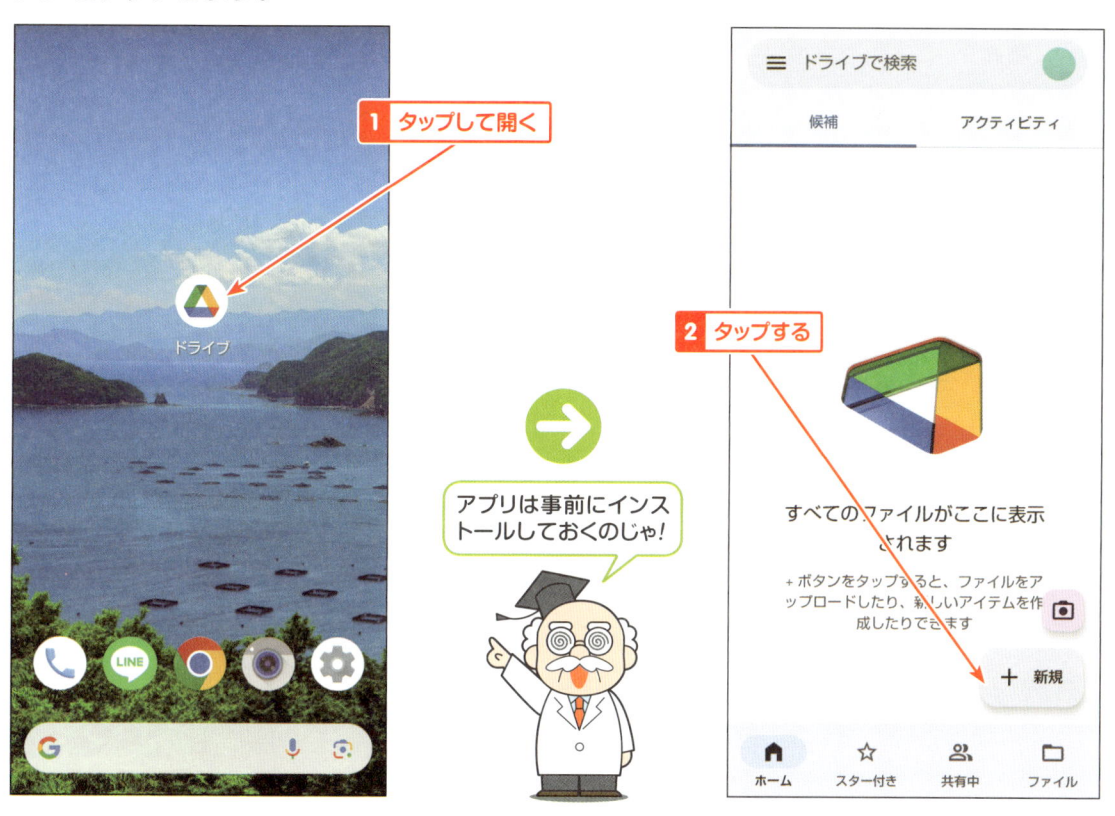

② 「アップロード」の選択

Googleドライブにアップする許可をタップして承諾し、「アップロード」ボタンをタップします。

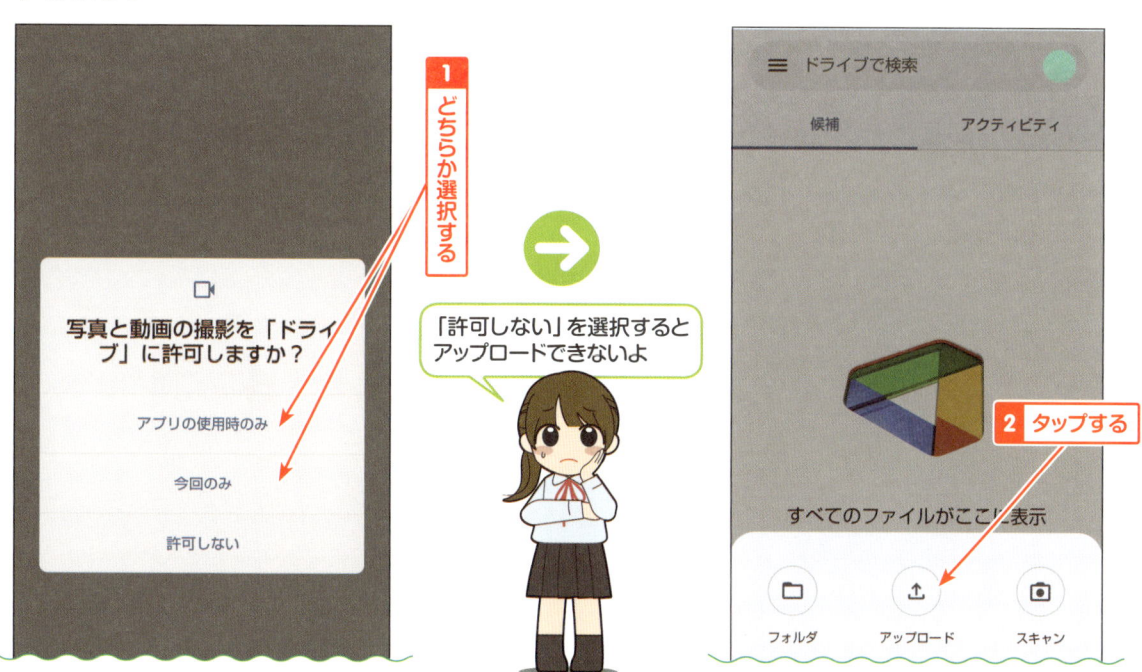

③ファイルのアップロード

ファイル一覧が表示されるので、アップロードしたいファイルをタップして選択すると、Googleドライブにファイルがアップロードされます。

1 ファイルを選択する

ファイルが
アップロードされた

④パソコンからアクセス

パソコンからGoogleドライブ (https://drive.google.com/drive/u/0/home) にアクセスします。既にスマートフォンからアップロードしたファイルが表示されています。ファイル右側にある[︙]をクリックします。

1 Googleドライブに
アクセスする

2 クリック

③でアップロードした
ファイル

⑤ パソコンへダウンロード

表示されたメニューから「ダウンロード」をクリックすると、自身のパソコンのダウンロードフォルダにファイルが保存されます。

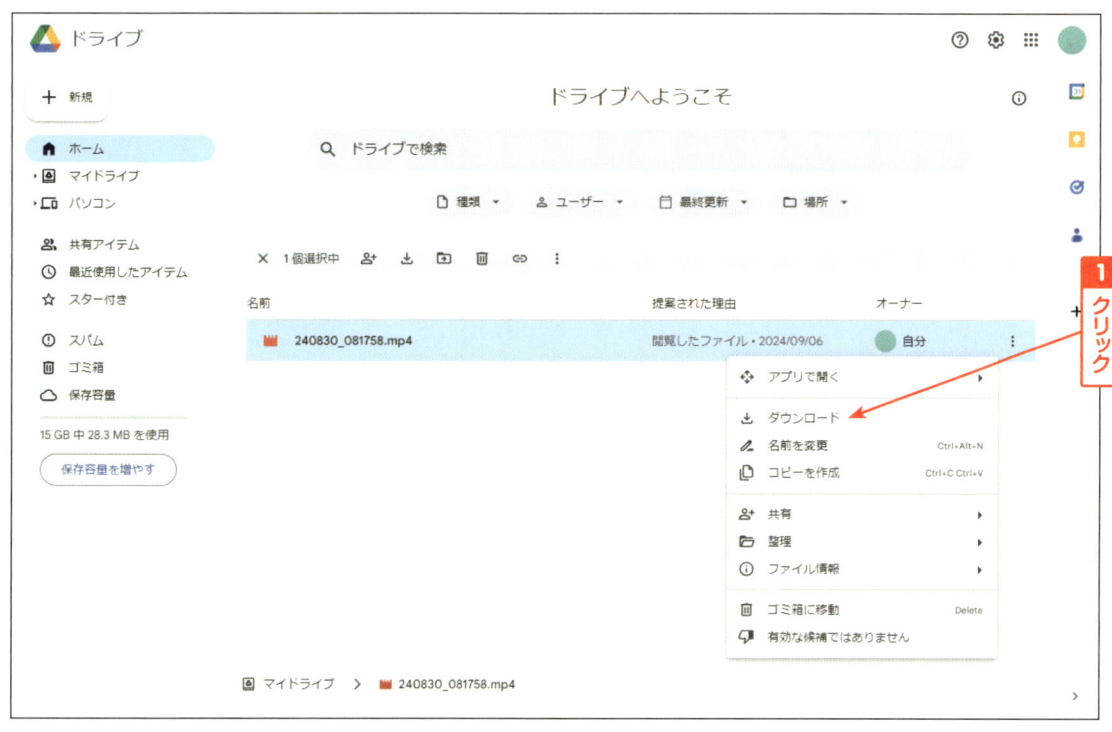

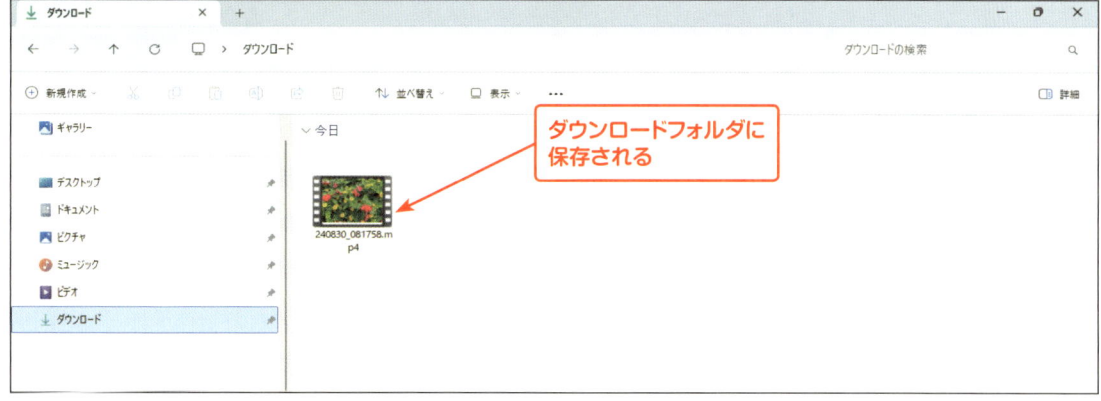

ダウンロードフォルダに保存される

これで使うファイルの用意は完璧だね!

Filmoraへの動画インポート

カメラ、スマートフォンからファイルをパソコンに保存した後、それをFilmoraにインポートして編集を開始します。

Filmoraのプロジェクト作成

Filmoraを起動し、「新しいプロジェクト」をクリックして、編集を始めるプロジェクトを作成します。

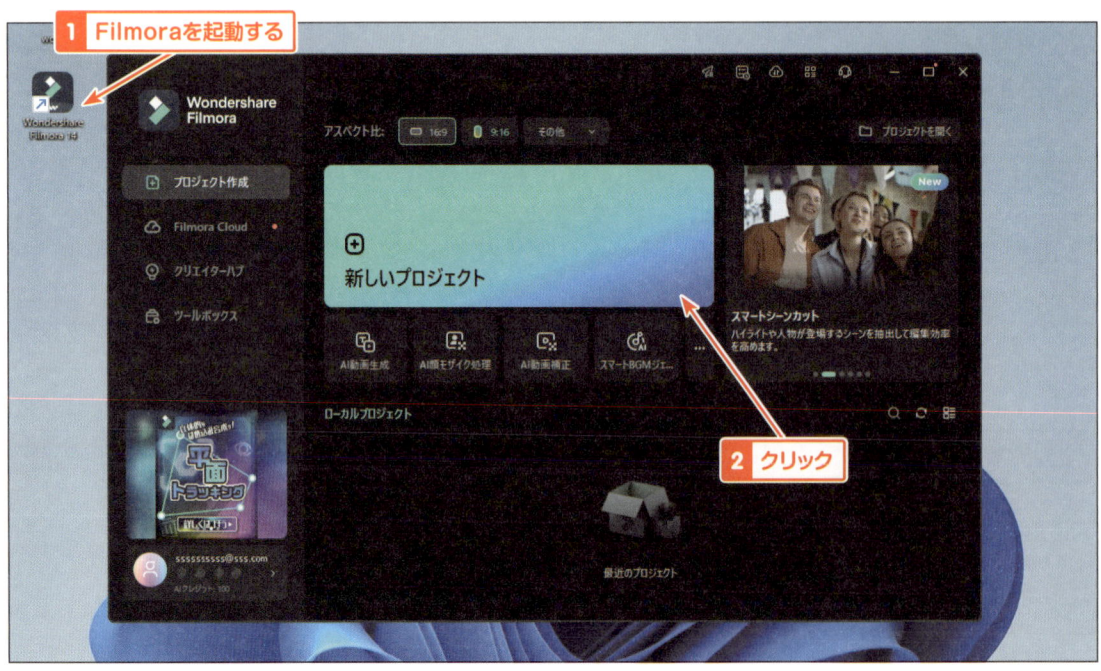

動画のインポートはこれから編集を進めて行くのに基本の作業になるぞ

簡単だからすぐ覚えられそうだね!

メディアライブラリへの動画ファイルの追加

　「メディア」タブから「インポート」ボタンをクリックし、パソコンに保存した動画ファイルをダブルクリックしてインポートします。インポートされた動画はメディアライブラリに表示され、ここから編集に使用できます。

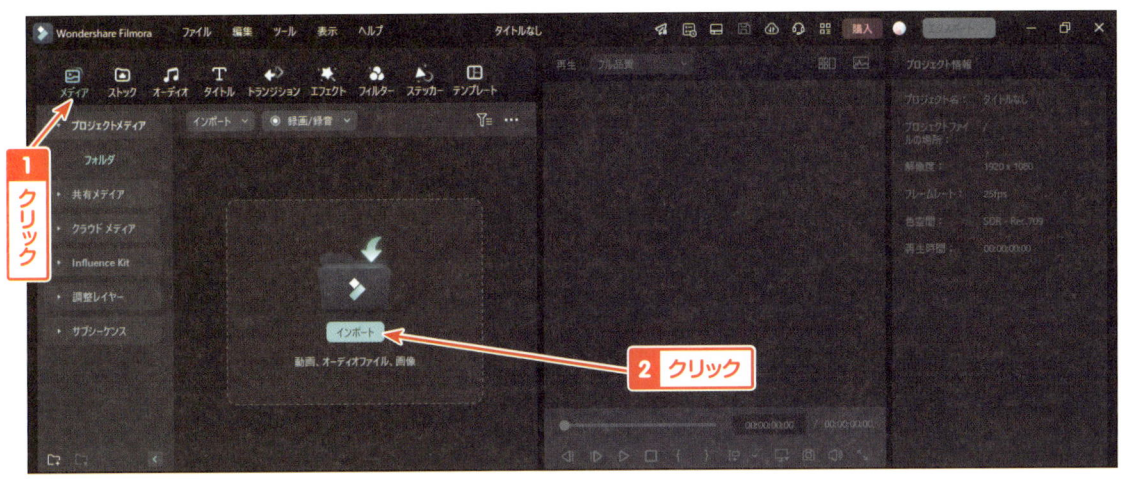

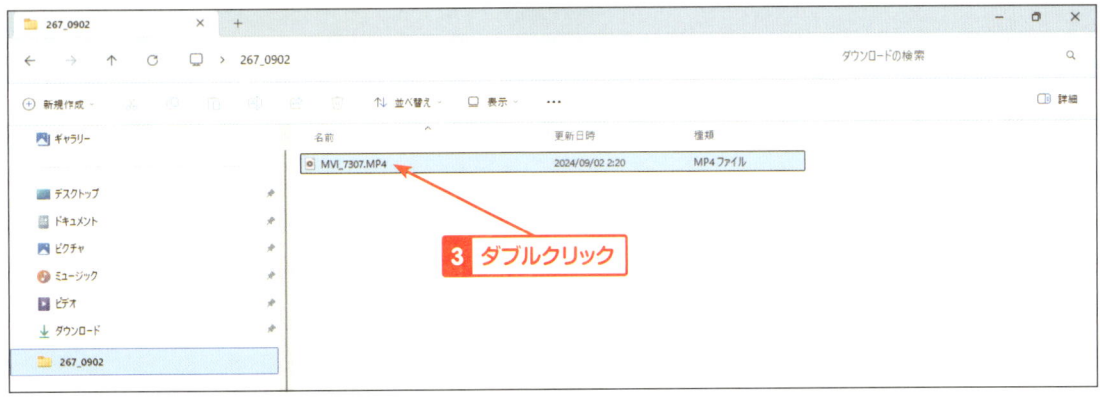

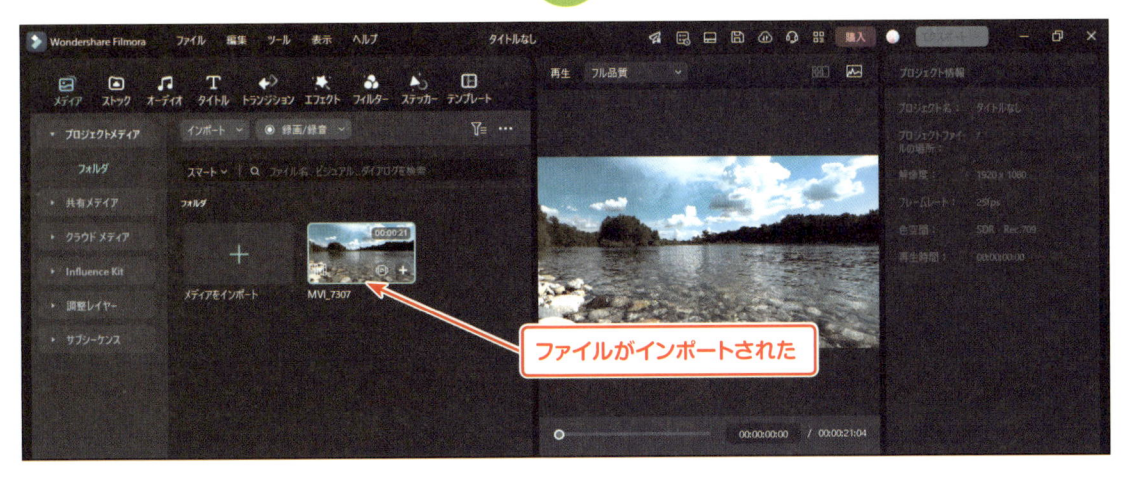

🟩 動画編集ソフトFilmoraが対応しているファイル形式

　Filmoraは、さまざまな動画ファイル形式に対応しています。取り込み可能な動画ファイル形式（Windows版）とその特徴は次の通りです。

形式名称	拡張子	特徴
MPEG-1/2	.mpg、.mpeg、.m1v、.m2v	古い形式で、標準画質のビデオに使用される。特にDVDやVCDでよく見られる
MPEG-4	.mp4、.m4v、.3gp、.3g2、.3gp2	高画質で圧縮効率が良く、スマートフォンやインターネットでのストリーミングに広く使用される
QuickTime	.mov	Apple製品でよく使用され、編集や再生がスムーズ。高画質な映像を保持
カムコーダーファイル	.dv、.mod、.tod、.mts、.m2ts、.m2t	ビデオカメラで撮影された映像。高解像度で、家庭用ビデオカメラやプロフェッショナルなカメラで使用される
Flash	.flv、.f4v	ウェブ動画に使用され、ストリーミングに適している
Windows Media	.wmv、.asf	Windows環境でよく使用され、圧縮率が高い
Audio Visual Interleave	.avi	古い形式で、互換性が高く、多くのデバイスで再生可能
Matroska	.mkv	複数の音声や字幕トラックを含むことができ、柔軟性が高い。高画質な映像を保持
HTML5	.mp4、.webm、.ogv	ウェブ動画に使用され、ブラウザでの再生がスムーズ
DVDファイル	.vob、.vro	DVDビデオに使用され、メニューや字幕を含むことができる

　インポートした動画がFilmoraに表示されない場合、動画ファイルの形式がFilmoraでサポートされていない可能性があります。この場合、動画をFilmoraで使える形式（たとえば、MP4やMOVなど）に変換する必要があります。変換するには、専用のソフトウェアを使用するか、無料のオンライン変換サービスを利用する方法があります。これらのサービスでは、動画ファイルをアップロードし、希望の形式に変換するだけで簡単に対応できます。

第4章

基本的な動画編集を
覚えよう

タイムラインの使い方

Filmoraを使って動画編集の基本的な操作を学びます。ここで紹介する操作を学ぶことで、動画編集の流れを見通し、効果的な編集作業を確立します。

Filmora起動後のメイン画面

Filmoraを起動すると、編集作業を行うためのメイン画面が表示されます。この画面には動画編集のツールが揃っています。次に各項目の名前とその役割を説明します。

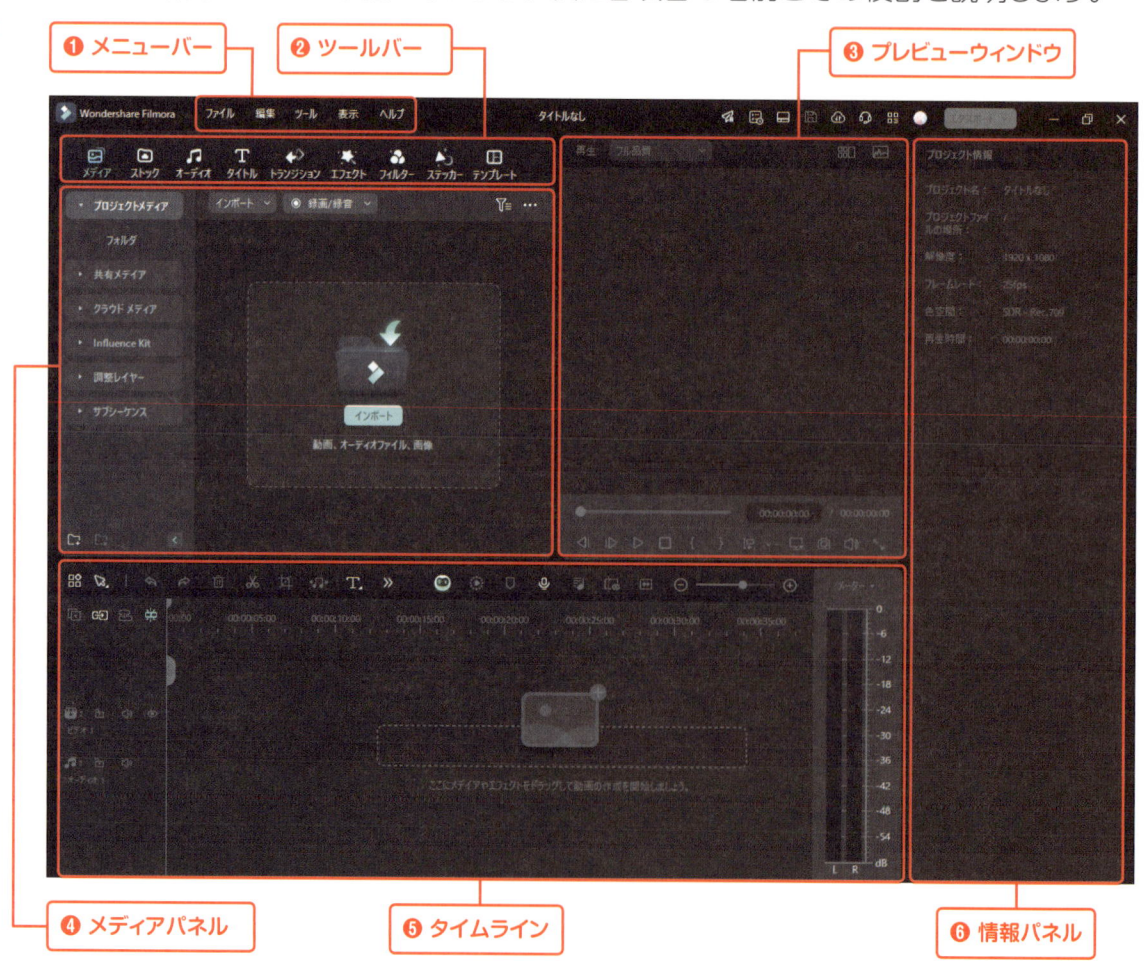

❶ メニューバー　　❷ ツールバー　　❸ プレビューウィンドウ

❹ メディアパネル　　❺ タイムライン　　❻ 情報パネル

第4章　基本的な動画編集を覚えよう

44

項目	できること
❶ メニューバー	ファイル、編集、ツール、表示、ヘルプなどを利用できます
❷ ツールバー	9つの機能（メディア、ストック、オーディオ、タイトル、トランジション、エフェクト、フィルター、ステッカー、テンプレート）を利用できます
❸ プレビューウィンドウ	編集中の動画をプレビューできるウィンドウです
❹ メディアパネル	動画、音声、画像ファイルをインポートして管理する場所です
❺ タイムライン	動画、音声、画像を時系列に配置し、編集を行う領域です
❻ 情報パネル	開いているプロジェクトの情報を確認したり、素材のパラメータやエフェクトを調整する際に使用します

HINT

　メディアとは、動画編集で使用する動画や画像、音楽の素材のことです。オーディオは「音楽」、トランジションは映像の「切り替え効果」、エフェクトは映像に「特殊効果」をつけます。ステッカーは「アニメーション効果」、テンプレートとは、さまざまな動画テンプレートを選択して、簡単にクリエイティブな動画を作成することができます。

画面のレイアウトを変更する

　画面右上の （レイアウトモード）をクリックすると、6種類のモードから任意のレイアウトを変更することができます。（本書では、クラシックモードにて解説を行います。）

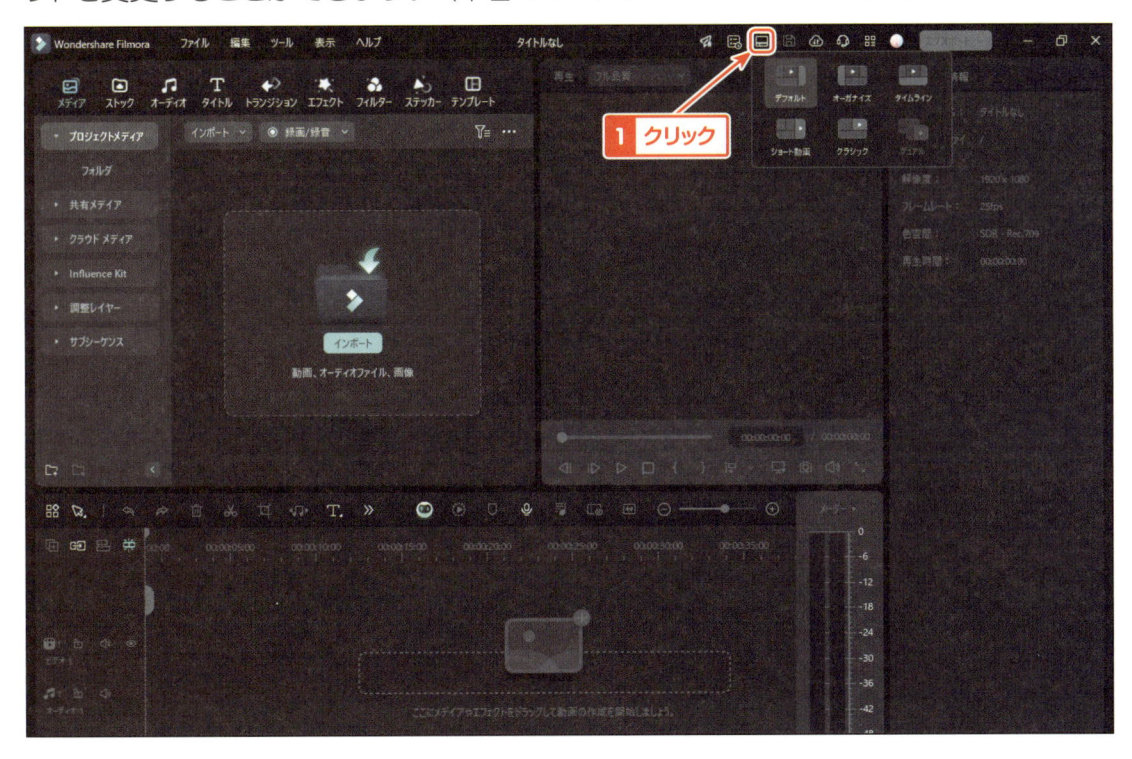

レイアウトモード	アイコン	説明
デフォルト		Filmoraの標準モード
オーガナイズ		素材を多く表示できるモード
タイムライン		タイムラインを広く表示するモード
ショート動画		ショート動画を見やすく表示するモード
クラシック		スタンダードな編集画面
デュアル		1台のPCに2台めのモニターを接続して同時に使用する場合に有効なモード

▼ デフォルト

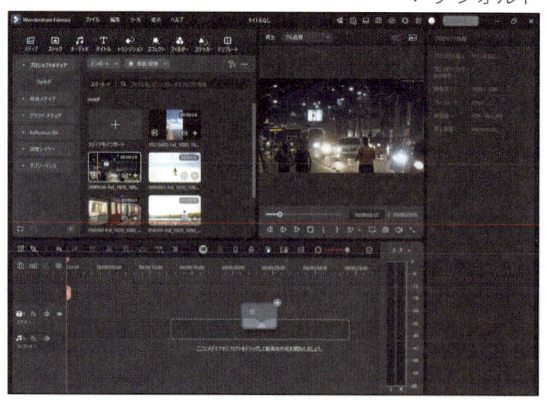

▼ オーガナイズ

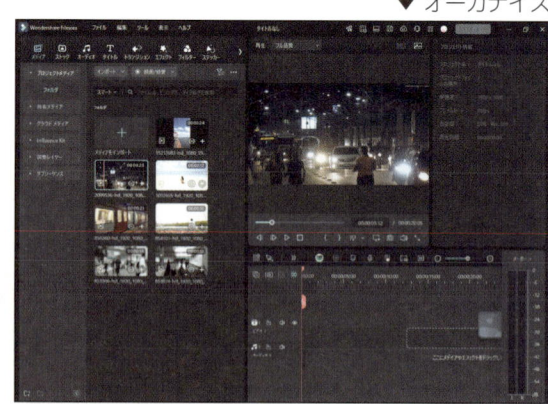

▼ タイムライン

▼ ショート動画

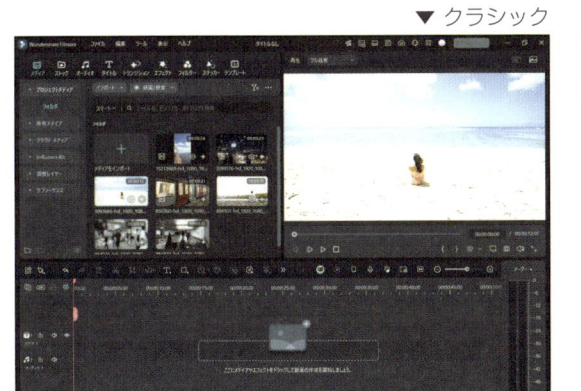

▼ クラシック

自分が作業しやすいレイアウトを選んでみてね

自分でカスタマイズするのもアリじゃ！

タイムラインの基本操作

　タイムライン上には、複数のレイヤーが用意されており、それぞれに動画、音声、画像、テキストなどを構成できます。これにより、複数の要素を重ねて表示し、各レイヤーを個別に編集することが可能です。

◆ メディアの配置

　メディアパネルから動画や画像をタイムラインにドラッグ&ドロップして配置します。タイムラインに配置したクリップは、自由に移動や拡大縮小が可能です。

1 メディアを選択して、ドラッグし…

2 ここにドロップ

タイムラインに配置した動画や画像は帯状に表示されるぞ。これを「クリップ」と呼ぶのじゃ！

動画クリップを再生

　まずはタイムラインに載せた動画を再生してみましょう。再生はキーボードの[Space]キーを押すか再生ボタンをクリックします。再生した動画を一時停止するには、もう一度[Space]キーを押すか再生ボタンをクリックします。この操作の際に赤いバーが移動します。このバーは「再生ヘッド」です。

　再生ヘッドの役割は次の通りです。

◆ プレビュー

　再生ヘッドがある位置の映像がプレビューウィンドウに表示されます。これにより、編集者は特定のフレームやシーンを確認しながら編集作業を進めることができます。

◆ 編集ポイントの設定

　再生ヘッドを使って、カットやトリム、エフェクトの適用位置を正確に設定することができます。これにより、編集の精度が向上します。

◆ タイミングの確認

　再生ヘッドを動かすことで、映像と音声のタイミングを確認し、必要に応じて調整することができます。特に音楽やナレーションの同期が重要な場合に役立ちます。

◆ マーカーの追加

　再生ヘッドを使って、タイムライン上にマーカーを追加することができます。これにより、重要なポイントや編集の目印を簡単に設定できます。

◆リアルタイム再生

　再生ヘッドを動かしながら、リアルタイムで映像を再生することで、編集内容を確認し、必要な修正を行うことができます。

タイムラインの操作とショートカットキー

　タイムラインでは、動画の再生や編集を行う際に、キーボードショートカットを活用すると効率的です。特に、再生や速度調整、特定の位置への移動に関する操作は編集のスムーズさを大きく左右します。では、各操作方法を詳しく説明します。

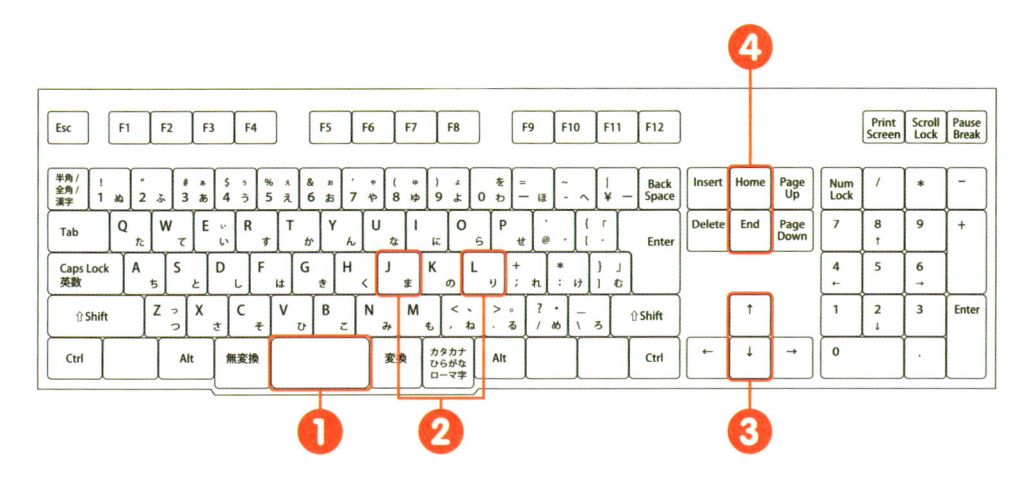

ショートカットキー	操作	操作説明
❶ [Space]キー	動画の再生と一時停止	タイムライン上で動画を再生するには、[Space]キーを押すか、再生ボタンをクリックします。再生中にもう一度[Space]キーを押すか、再生ボタンをクリックすると動画が一時停止します
❷ [L]キー [J]キー、	早送りと巻き戻し	早送りには[L]キーを、巻き戻しには[J]キーを使用します。[L]キー、[J]キーを押すたびに再生速度が変わり、2倍速、4倍速、6倍速、8倍速、16倍速、32倍速とスピードが上がります。これにより、長い動画の確認作業が非常に効率的になります
❸ [↑]キー、 [↓]キー	動画クリップごと、カットごとの移動	[↑]キーを押すと、タイムライン上で前の動画クリップやカットの始まりにジャンプします。[↓]キーを押すと、次の動画クリップやカットの始まりにジャンプします。これにより、タイムライン上で複数のクリップを素早く確認できます
❹ [Home]キー、 [End]キー	動画の頭と最後に移動	動画の最初に素早く移動するには、[Home]キーを押します。これで再生ヘッドがタイムラインの最初に移動します。また、動画の最後に移動するには[End]キーを押します。これにより、長い動画でも一瞬で最後の位置にジャンプでき、編集がより効率的になります

ショートカットキーのカスタマイズ

ノートパソコンなどで[Home]キーや[End]キーがない場合は、Filmoraでショートカットキーをカスタマイズしましょう。Filmoraではショートカットキーをカスタマイズすることで、作業を効率化できます。

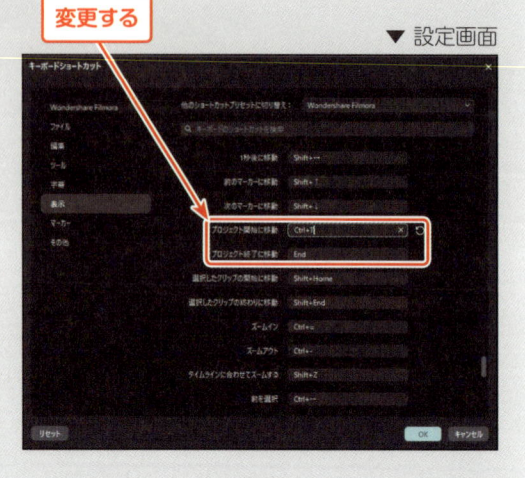

▼ 設定画面

変更する

❶ 画面上部の「ファイル」メニューをクリックし、「キーボードショートカット」を選択します。

❷ 表示された設定画面の左側にある項目欄から「表示」を選択します。

❸ 画面をスクロールすると「プロジェクト開始に移動」「プロジェクト終了に移動」という項目が出てきます。

❹ 初期設定では[Home]と登録されているので、変更します。例として[Ctrl]キー+[T]キーと設定（[Ctrl]キーを押しながら[T]キーを押す）します。変更後、「OK」ボタンをクリックします。

❺ これでショートカットキーの設定は完了です。実際に操作して、動作したら[End]キーも変更してみましょう。

使用素材URL　https://www.pexels.com/ja-jp/video/1093665/　https://www.pexels.com/ja-jp/photo/1179975/

08 動画のトリミング（カット編集）

動画のトリミングは、映像編集の中でも最も基本的かつ頻繁に使われる作業です。ここでは、Filmoraで動画をトリミング（カット編集）する方法を詳しく説明します。

トリミングの手順

動画のトリミングは「カット編集」とも呼ばれ、不要な部分を取り除き、必要な部分だけを残すことで視聴者にとって見やすく効果的な映像を作成する重要な操作です。この作業により、動画全体がコンパクトになり、視聴者に伝えたい情報をより明確に伝えることができます。

① 再生しながら編集ポイントを見つける

タイムライン上に動画クリップをドラッグ&ドロップし、[Space]キーを押して動画を再生します。再生中にカットしたいポイントに近づいたら、[Space]キーを押して再生を一時停止します。

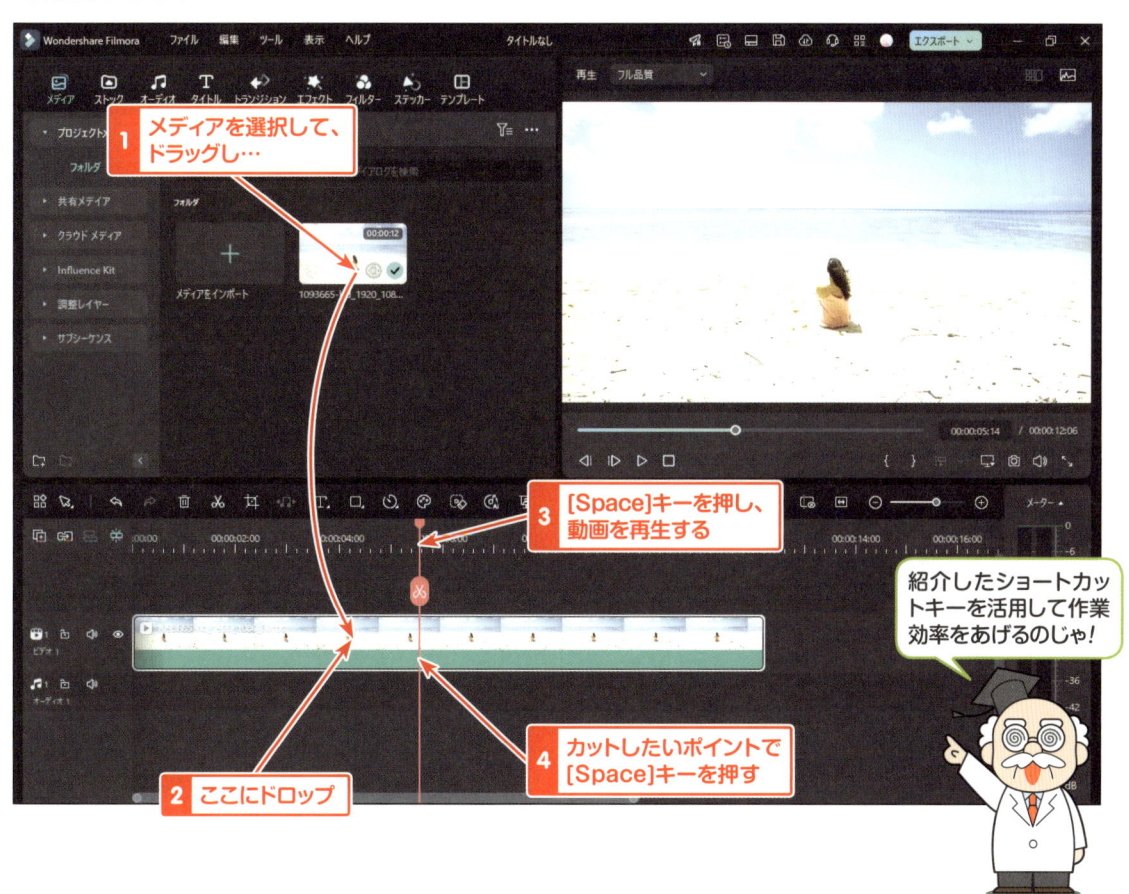

第4章　基本的な動画編集を覚えよう

51

②再生ヘッドを正確な位置に移動する

再生を一時停止したら、再生ヘッドをマウスでドラッグして調整し、カットしたい位置を正確に指定します。

💡 HINT

タイムライン上で、動画クリップの細かいカット位置を見極める際には、ズームイン・ズームアウト機能が非常に便利です。タイムラインのツールバー上にあるスライダーを使って、タイムラインをズームインまたはズームアウトすることができます。ズームインすることで、フレーム単位でのカットや調整がしやすくなります。逆にズームアウトすることで、タイムライン全体を一度に確認でき、全体の編集バランスを把握しながら作業を進めることができます。

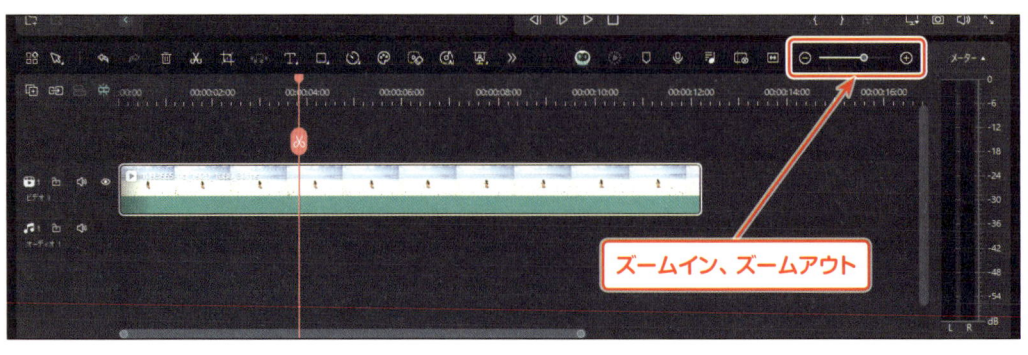

③ 再生ヘッドで動画クリップを分割する

　再生ヘッドをカットしたい位置に合わせたら、再生ヘッドについているハサミマークをクリックします。このハサミマークをクリックすると、再生ヘッドの位置で動画クリップが分割されます。これで、カットしたい部分を簡単に切り離すことができます。

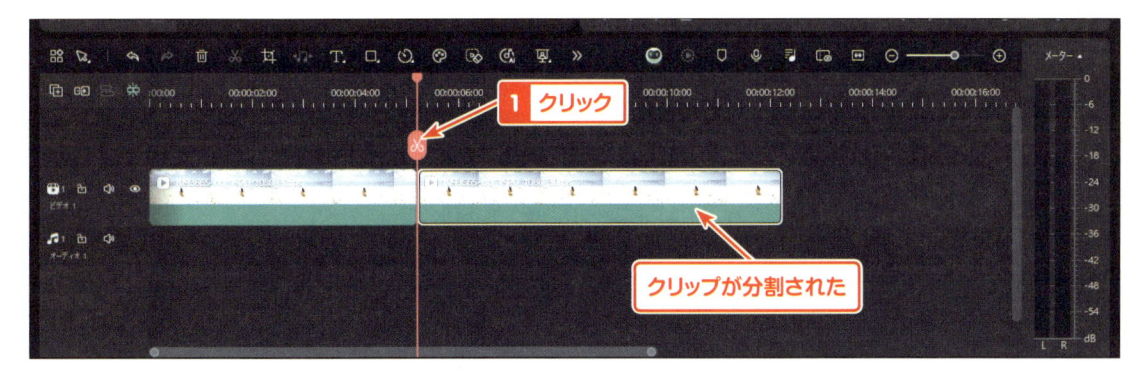

④ 不要なクリップの削除

　分割された不要なクリップを削除するには、まずそのクリップをクリックして選択します。クリップを選択した状態で、[Delete]キーを押すことで、クリップをすぐに削除することができます。

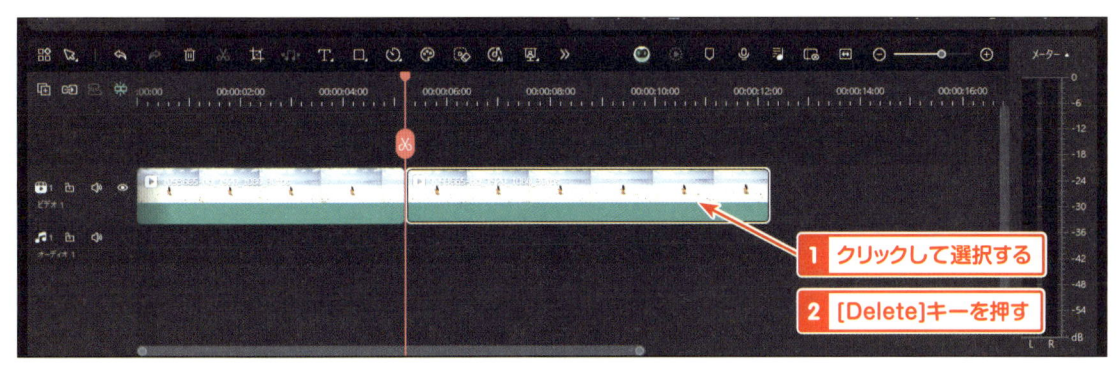

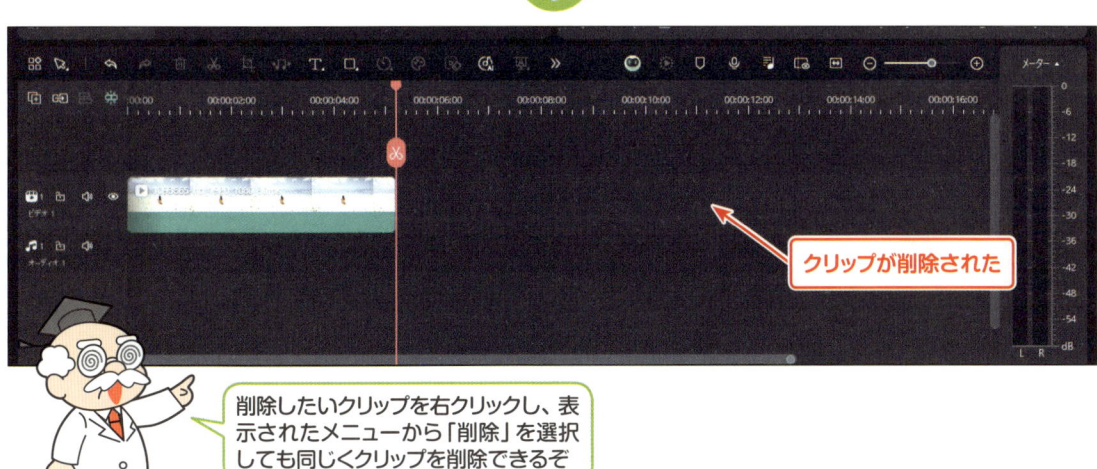

削除したいクリップを右クリックし、表示されたメニューから「削除」を選択しても同じくクリップを削除できるぞ

画像の挿入方法

　画像の挿入は、動画にビジュアルの多様性を加え、視覚的に魅力的なコンテンツを作成するのに役立ちます。商品紹介やスライドショーなどの場面で特に効果的です。

① 画像の挿入

　メディアライブラリから画像を選択し、タイムライン上にドラッグ&ドロップします。画像は、動画クリップと同じように扱うことができ、表示時間や位置を簡単に調整できます。

② 表示時間の調整

　画像クリップをクリックし、クリップの端にマウスカーソルを合わせます。マウスカーソルの形が ⊣ に変わったタイミングで、左右にドラッグして表示時間を調整します。

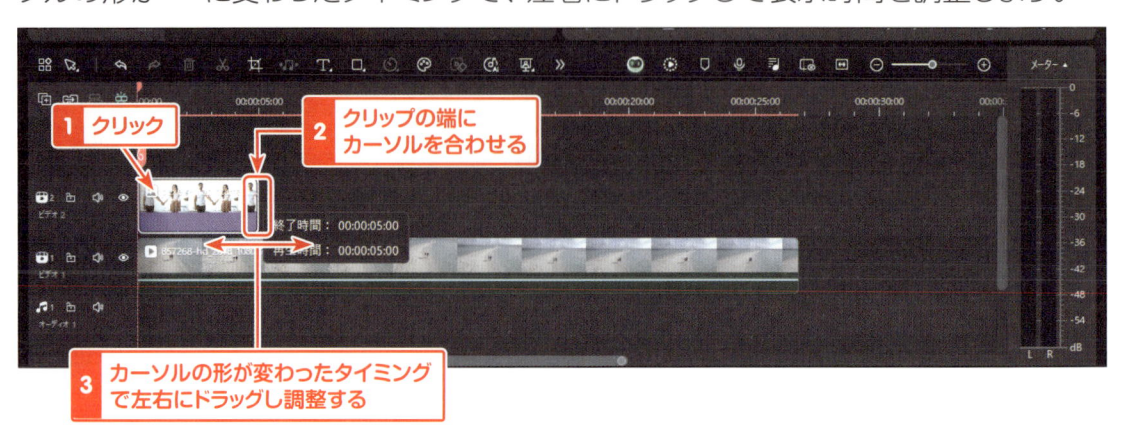

🟩 タイムライン操作のコツ

　タイムラインにメディアを構成してもすぐに慣れないかもしれませんが、短いクリップを使って練習するのがおすすめです。キーボードの[Ctrl]キー+[Z]キーを使えば簡単にやり直しができるので、安心して試してください。

🟩 ズームイン・ズームアウトのショートカット

　タイムラインの編集時、細かい調整が必要なときはタイムラインのズーム機能を活用しましょう。ズームインすることで、編集ポイントを正確に確認でき、ズームアウトすることで全体の流れを把握しやすくなります。Filmoraでは、キーボードの[Ctrl]キーを押しながらマウスホイールを回すことで簡単にズームイン・ズームアウトができます。

う～ん…クリップの調整が難しいなぁ…

何事も練習あるのみじゃ！繰り返しやってみるとコツがつかめてくるぞ

第4章　基本的な動画編集を覚えよう

09 簡単なエフェクトの使い方

エフェクトは、動画の視覚効果を強化するために使われます。Filmoraでは、さまざまなエフェクトが用意されており、クリエイティブな映像制作に役立ちます。ここでは、エフェクトの使い方や、よく使われるエフェクトの名称と機能について解説します。

有料エフェクトと無料エフェクトの違い

Filmoraで提供されているエフェクトには、無料で使用できるものと、有料で提供されるものがあります。有料エフェクトは、赤いダイヤマークが付いています。赤いダイヤマークが付いてないものは無料で使用できます。有料エフェクトを使用する場合は、Filmoraのサブスクリプションやエフェクトパックの購入が必要です。

無料エフェクトでも充分活用できるぞ

第4章 基本的な動画編集を覚えよう

56

動画にモザイクエフェクトをかけてみよう

動画にエフェクトを適用する方法を例として、モザイクエフェクトを使った手順を説明します。

① エフェクトの選択

「エフェクト」タブをクリックして開き、検索窓から「モザイク」を検索します。

② エフェクトをタイムラインに置く

表示されたエフェクトから「モザイク」エフェクトをクリックして選択します。選択した「モザイク」エフェクトをタイムライン上の、エフェクトをかけたいクリップの上にドラッグ&ドロップします。

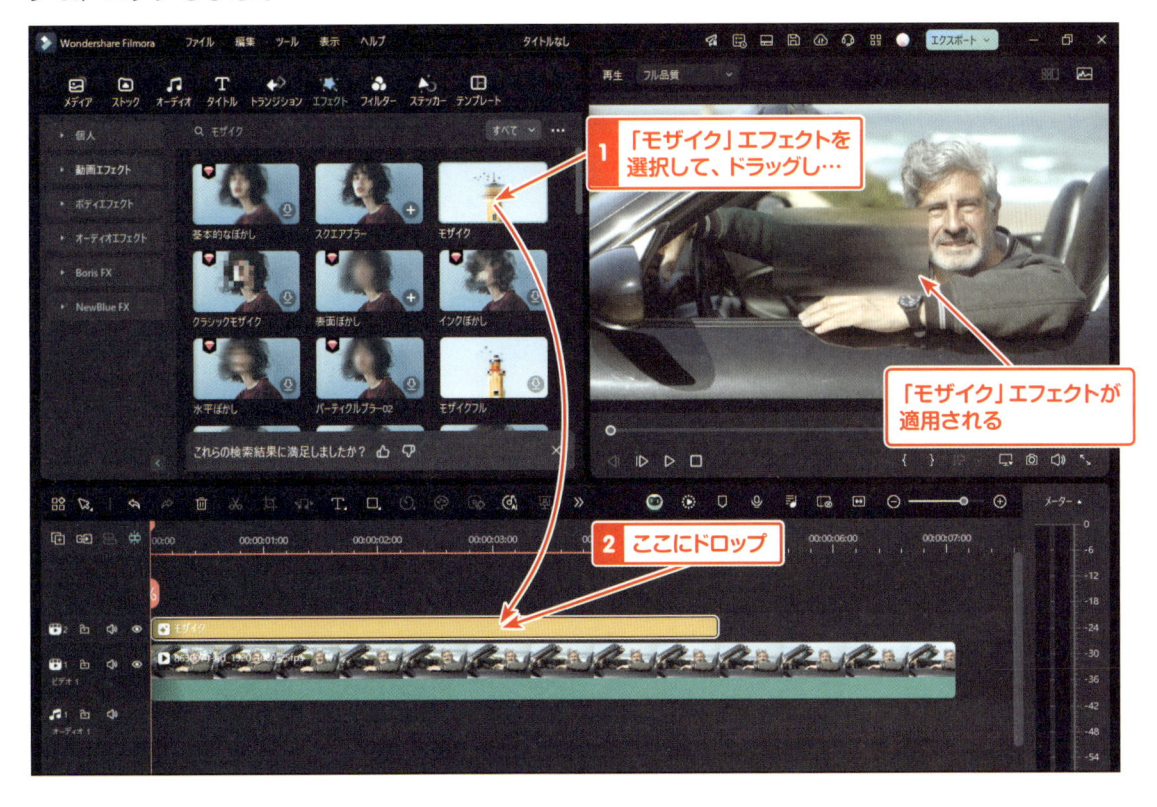

第4章 基本的な動画編集を覚えよう

③ モザイクの範囲調整

「モザイク」エフェクトが適用されたら、プレビューウィンドウで表示されたエフェクトの範囲をマウスで移動します。ここでは、試しに男性の顔にエフェクトをかけてみましょう。必要に応じて、サイズを調整し、エフェクトをかけたい部分を指定します。

④ モザイクの強度調整

左側の「エフェクト」タブでエフェクトの調整を行います。「ぼかし具合」の数値スライダーでモザイクの強度を調整します。数値を上げることでピクセル数が増加し、モザイクのぼかし効果が強まります。逆に数値を下げると、ぼかし効果が弱くなります。調整後、「OK」ボタンをクリックします。

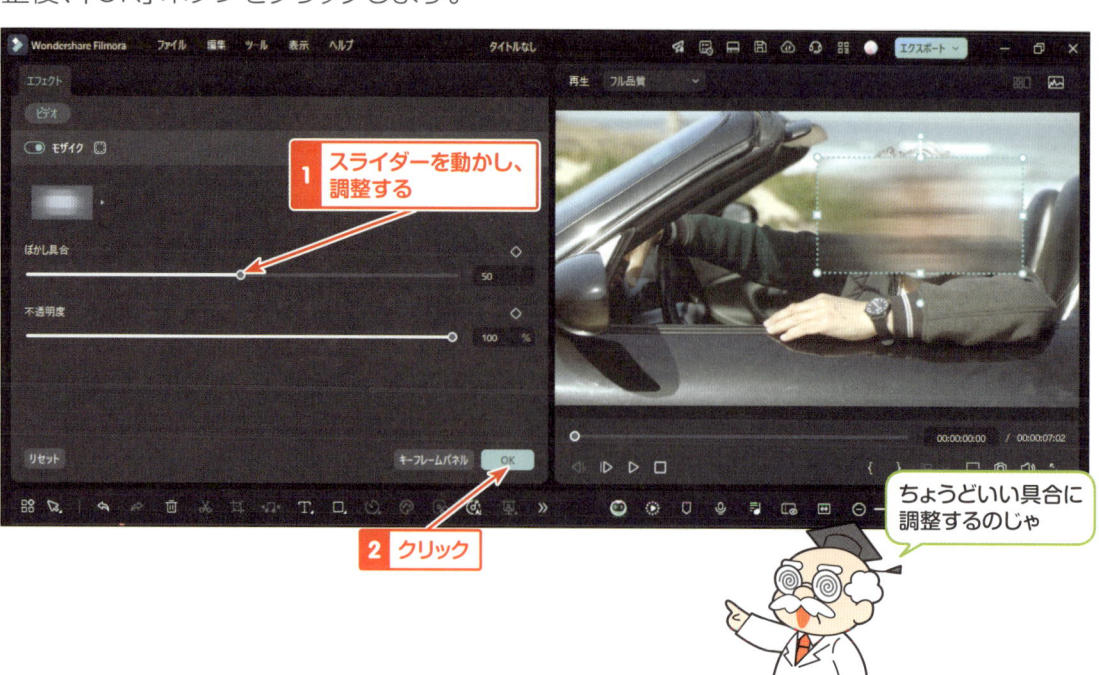

よく使われるエフェクト一覧

Filmoraでよく使われるエフェクトとその機能を紹介します。エフェクトを適用する際には、動画全体のトーンや意図に合わせて選びましょう。

エフェクト名	機能説明
モザイク	特定の部分をぼかすために使われ、プライバシー保護や重要でない情報を隠すのに最適です
ボーダー	動画や画像の周囲にカスタマイズ可能な枠線を追加できます。色や太さを調整することが可能です
シネマ21:9	動画の縦横比を21:9に変更し、映画のようなワイドスクリーン効果を実現します
古いフィルム	動画にレトロなフィルムのような外観を追加するためのエフェクトです。動画にノスタルジックな雰囲気を加えることができます
ぼかしてクリア	動画の特定の部分をぼかしながら、他の部分をクリアに保つためのエフェクトです。視覚的な焦点を変えたり、特定の要素を強調したりすることができます
トゥインクルスター1	動画にキラキラと輝く星のような効果を追加するエフェクトです。映像に幻想的で魅力的な雰囲気を演出することができます。特に、夜空やファンタジーシーンなどに適しています

エフェクトを選ぶコツ

エフェクトは、動画のトーンやテーマに合わせて適度に使うことで、視覚的に印象的な映像を作り出します。あまりにも多くのエフェクトを使うと、動画が見づらくなることがあります。映像全体を引き締め、視覚的な効果をうまく引き出すために、エフェクトは慎重に選んで適用しましょう。

第4章 基本的な動画編集を覚えよう

キラッキラなエフェクトたくさん付けちゃお!

付けすぎは注意じゃぞ…

 簡単なトランジション使い方

トランジションは、2つの動画クリップの間に挿入することで、滑らかな動画の切り替えを可能にする効果です。トランジションをうまく活用することで、動画のつながりが自然になり、視聴者にとって快適な映像体験を提供できます。ここでは、トランジションの基本的な使い方と、よく使用される「ディソルブ」の具体的な操作手順について解説します。

動画にディソルブのトランジションをかけてみよう

トランジションの中でも、「ディソルブ」はよく使われる効果で、1つの動画が徐々にフェードアウトしながら、次の動画がフェードインする滑らかな切り替えを提供します。

トランジションは、通常、タイムライン上の2つのクリップの間にドラッグ&ドロップして適用しますが、この方法では動画が切り替わる際に一時停止するように見えることがあります。

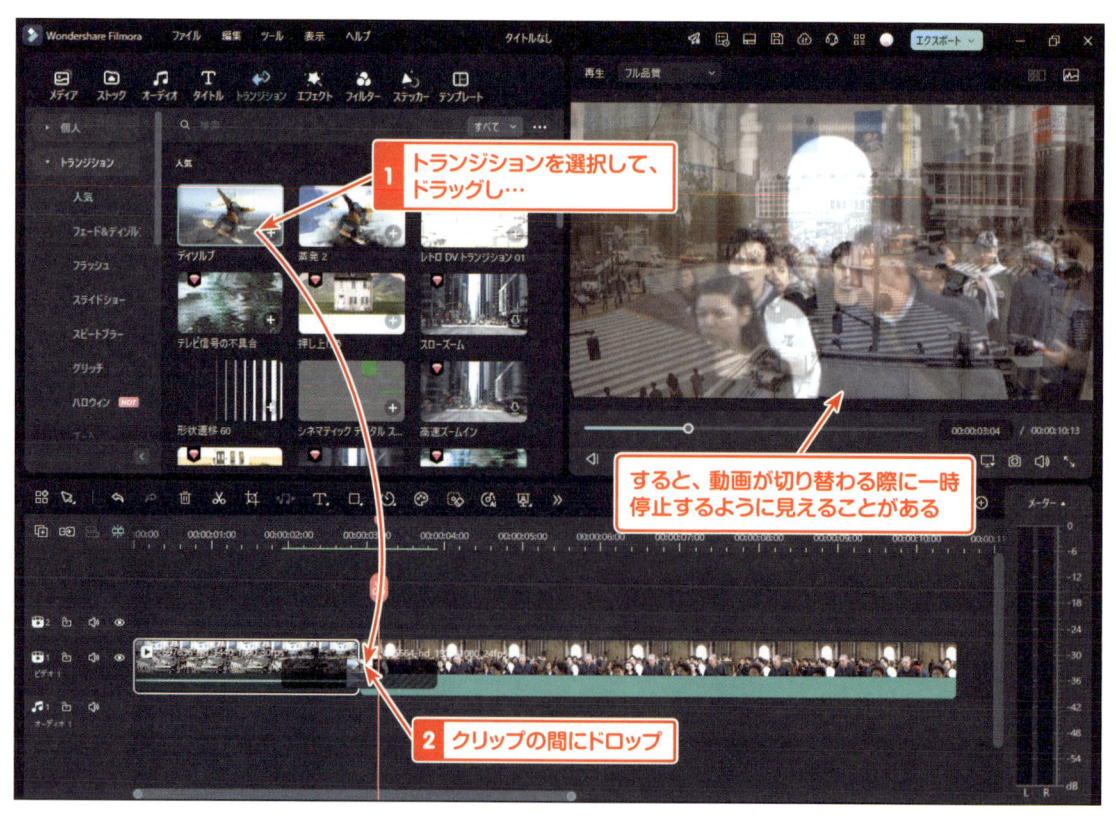

これを避けるために、クリップを重ねる方法でトランジションを適用するやり方を説明します。

① ディソルブの選択

「トランジション」タブをクリックしてトランジションライブラリを開き、「ディソルブ」をクリックして選択します。

ディソルブが表示されない場合は検索窓で検索をしてね

② クリップの移動

「ディソルブ」をかけたい動画クリップを、タイムライン上で一段上にドラッグして移動します。ディソルブを適用したい位置で、下の動画クリップの上に、一段上に移動した動画クリップを重ねて配置します。

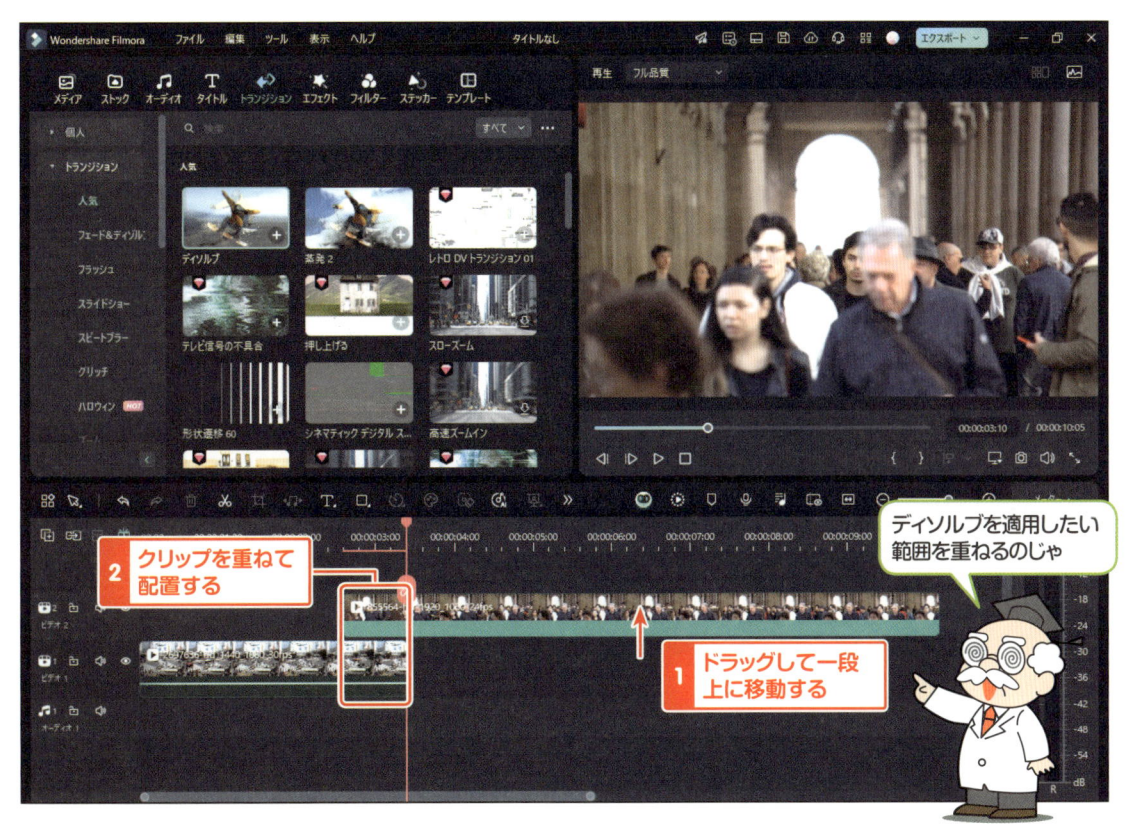

ディソルブを適用したい範囲を重ねるのじゃ

③ディソルブの適用

その状態で、上に置いた動画クリップに「ディソルブ」をドラッグ&ドロップし適用します。

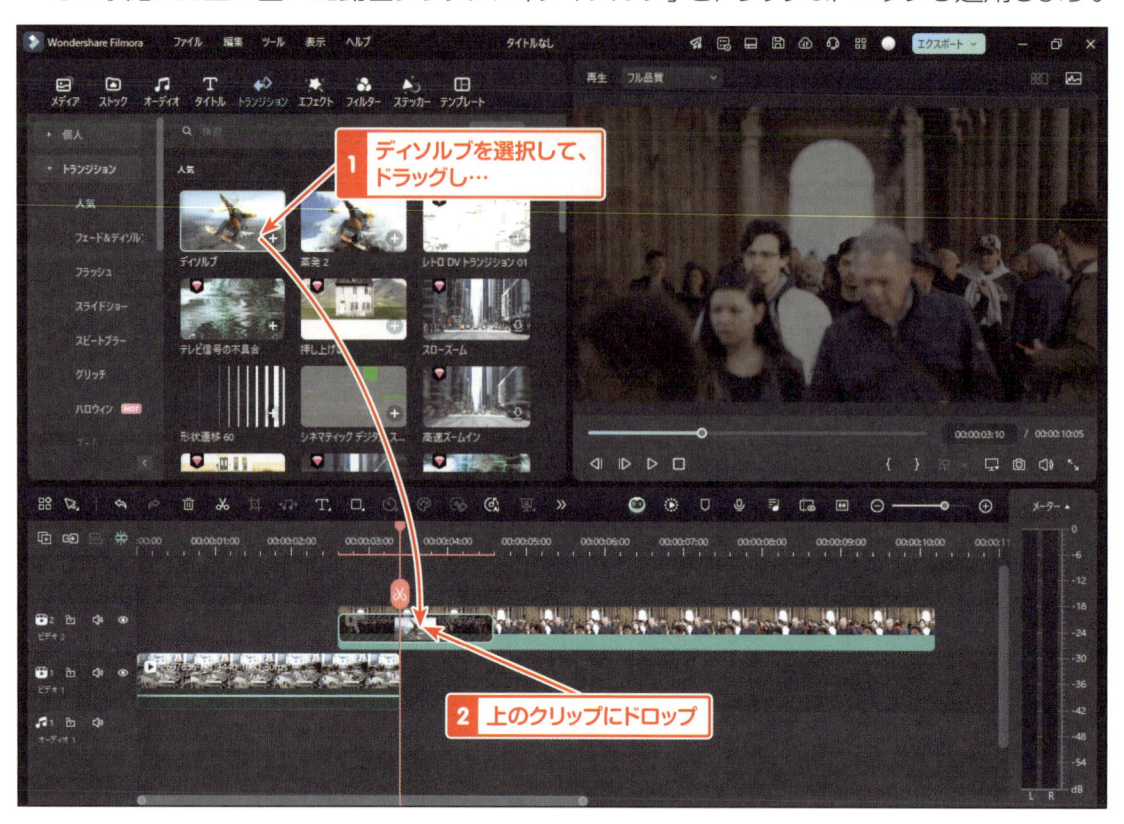

④トランジションの持続時間を調整

ドロップしたトランジション効果をダブルクリックして、トランジションの持続時間を調整します。トランジション効果の枠の右端にマウスカーソルを合わせ、 ⊣ に変わったタイミングでドラッグすると効果のかかる時間の調整ができます。トランジションの持続時間を短くすると、切り替えが速くなり、長くすると滑らかに映像が切り替わります。

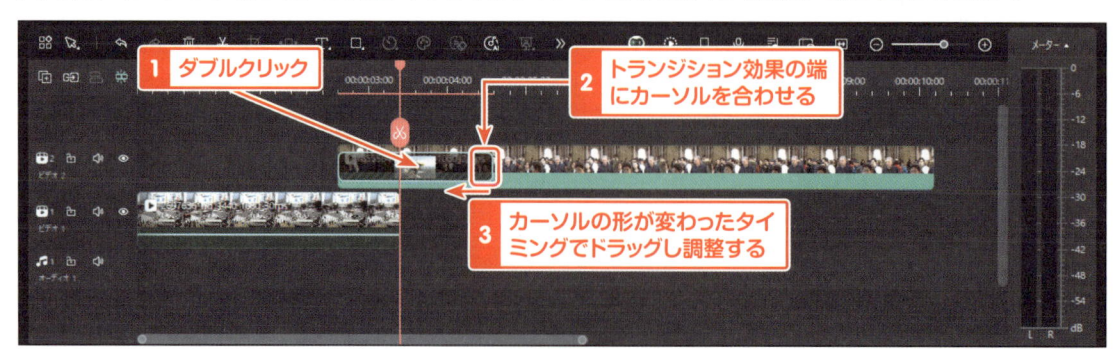

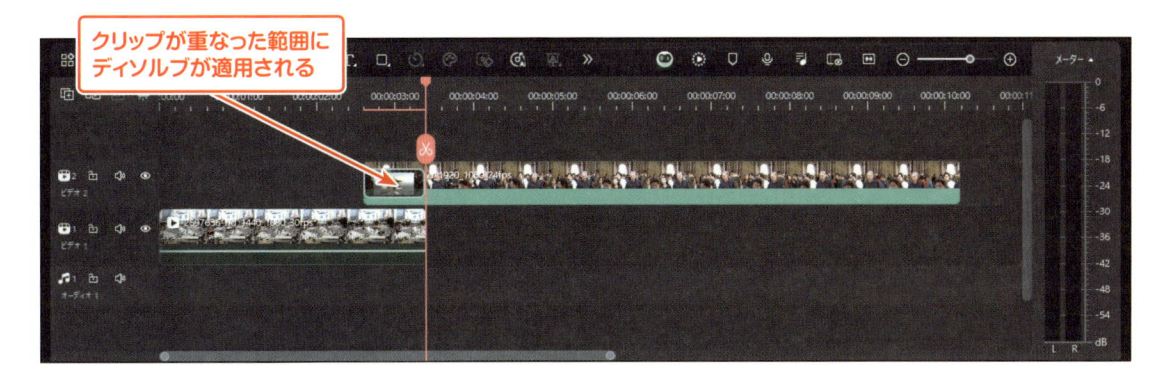

クリップが重なった範囲に
ディソルブが適用される

調整が終わったら、プレビューで再度確認し、映像のつながりが自然であることを確認してください。

ONE POINT

🟩 よく使われるトランジションの種類

Filmoraでよく使われるトランジションとその機能を紹介します。

トランジション名	機能説明
ディソルブ	2つのクリップが徐々に重なり合いながら切り替わる映像効果です
フェード	映像が徐々に明るくなったり暗くなったりして、自然なシーンの切り替えが可能です
ワープズーム	映像が中央に向かって急速にズームインし、次のシーンへダイナミックに切り替わります
フラッシュ	映像が一瞬明るくなり、次のシーンへ切り替わるトランジションです。短時間での切り替えが可能で、特にカットの間を強調したい場合に使われます。トランジションの持続時間を短く設定すると、カメラのフラッシュのような効果を演出でき、視覚的にインパクトを持たせることができます
右に押す	映像が右方向にスライドしながら次のシーンに切り替わる効果です。スムーズにシーンを移行できるため、シーン遷移を視覚的に強調したいときに便利です
モーフ	2つのクリップ間で映像を緩やかに変形させながら長時間効果を持たせます。シーンの一部が徐々に変化し、次のシーンに自然につながるため、視覚的に途切れのないシーン転換が可能です。特に異なる映像間の移行が目立たないようにしたい場合に効果的で、エレガントでプロフェッショナルな演出が求められる映像作品に適しています

🟩 トランジションを選ぶコツ

トランジションを使いすぎると、視覚的に煩わしくなることがあります。シンプルなフェードやクロスディソルブを中心に使うことで、視聴者にとって自然な映像体験を提供できます。また、シーンのテンポやストーリーの流れに合わせてトランジションを選ぶことが、映像の質を向上させるポイントです。

使用動画URL　https://www.pexels.com/ja-jp/video/19935237/　https://www.pexels.com/ja-jp/video/2099536/

11　テキストとタイトルの挿入

Filmoraでは、動画にテキストやタイトルを簡単に挿入でき、視覚的な情報伝達がスムーズに行えます。他の動画編集ソフトと異なり、Filmoraには豊富なデザインテンプレートが揃っており、複雑な操作をせずにクリエイティブでプロフェッショナルなタイトルテロップを挿入できるのが大きな特徴です。

各テンプレートには、視覚効果やアニメーションが組み込まれており、タイトルやテキストの追加が非常に簡単です。初心者でも手軽に高品質な動画に仕上げることができ、少しの操作で洗練されたタイトルを作成できるため、プロの映像作品のような仕上がりを目指す方にとっても強力なツールとなります。

動画にテキストタイトルを追加してみよう

テキストの追加は、動画の説明やナレーションの補足として非常に役立ちます。Filmoraにテキストを追加する方法は、「タイトル」タブをクリックし、使用したいテキストテンプレートをクリックして選択します。選択したテンプレートをタイムライン上の動画クリップの上にドラッグ&ドロップします。

第4章　基本的な動画編集を覚えよう

Filmoraのテキスト編集画面

テキストクリップをダブルクリックすると、編集ウィンドウが開きます。ここでは、テキストのスタイルを細かくカスタマイズできます。

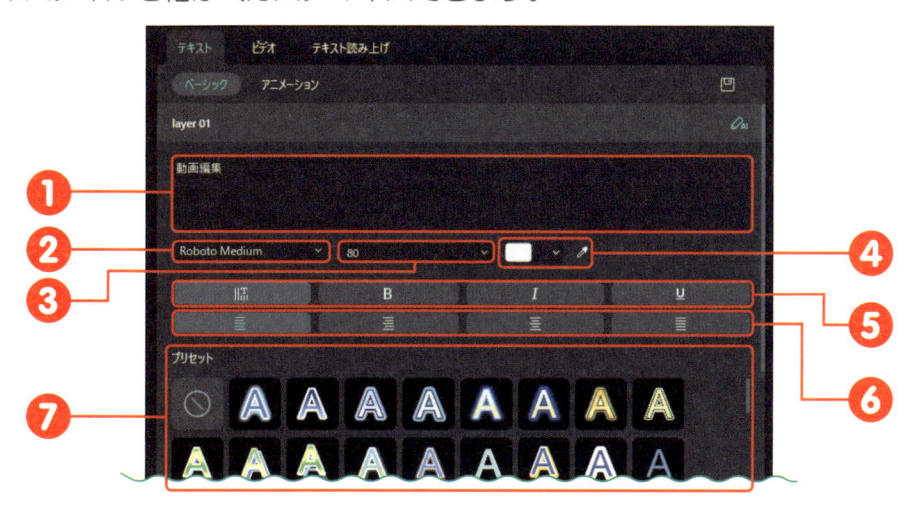

項目名	機能説明
❶ テキスト入力フィールド	テキストの内容を入力または編集するエリアです。このフィールドに直接文字を入力すると、画面右側のプレビューウィンドウにもリアルタイムで反映されます
❷ フォント選択	ドロップダウンメニューから使用するフォントを選択します。テキストのスタイルを自由に変更できます
❸ フォントサイズ	スライダーや数値入力でフォントのサイズを調整します。大きさを自由にカスタマイズ可能です
❹ 色変更	カラーピッカーを使用してテキストの色を変更します。映像の雰囲気に合わせて自由に選べます
❺ 縦型、太字 (B)、斜体 (I)、下線 (U)	左から、縦型、太字 (B)、斜体 (I)、下線 (U)。縦型は、テキストを縦書きに変換します。この機能は、日本語や中国語など、縦書きが主に使用される言語のコンテンツを作成する際に便利です。太字 (B) はテキストを太字にして視認性を高めます。重要な部分や強調したい部分に使用されます。斜体 (I) は、テキストを斜めに傾けるスタイルに変更します。ナレーションや引用部分に適しています。下線 (U) は、テキストに下線を追加し、特定の単語やフレーズを強調します
❻ 文字整列	テキストの配置を、左揃え・中央揃え・右揃えのいずれかから選択します。映像のレイアウトに応じて配置を調整します
❼ プリセット	あらかじめ用意された文字スタイルを選択可能です。様々なエフェクトや影付きの文字デザインを一瞬で適用できます

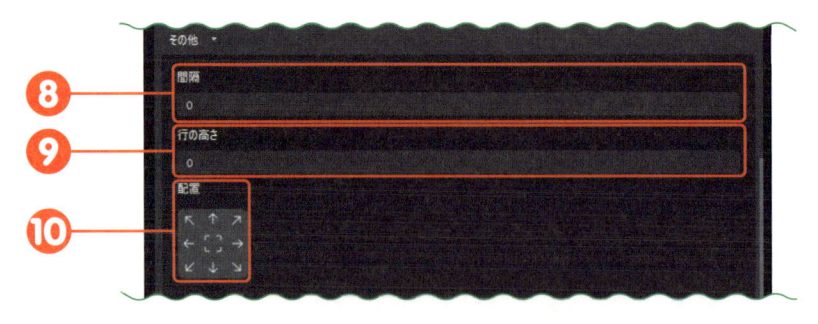

項目名	機能説明
❽ 間隔	テキストの文字間隔を調整する機能です。文字の間を広げたり狭めたりして、見やすさやデザインを整えます
❾ 行の高さ	テキストの行間を調整する機能です。複数行のテキストで、間隔を調整することで読みやすくします
❿ 配置	テキストを画面上の任意の位置に配置します。矢印ボタンを使って正確に配置できます

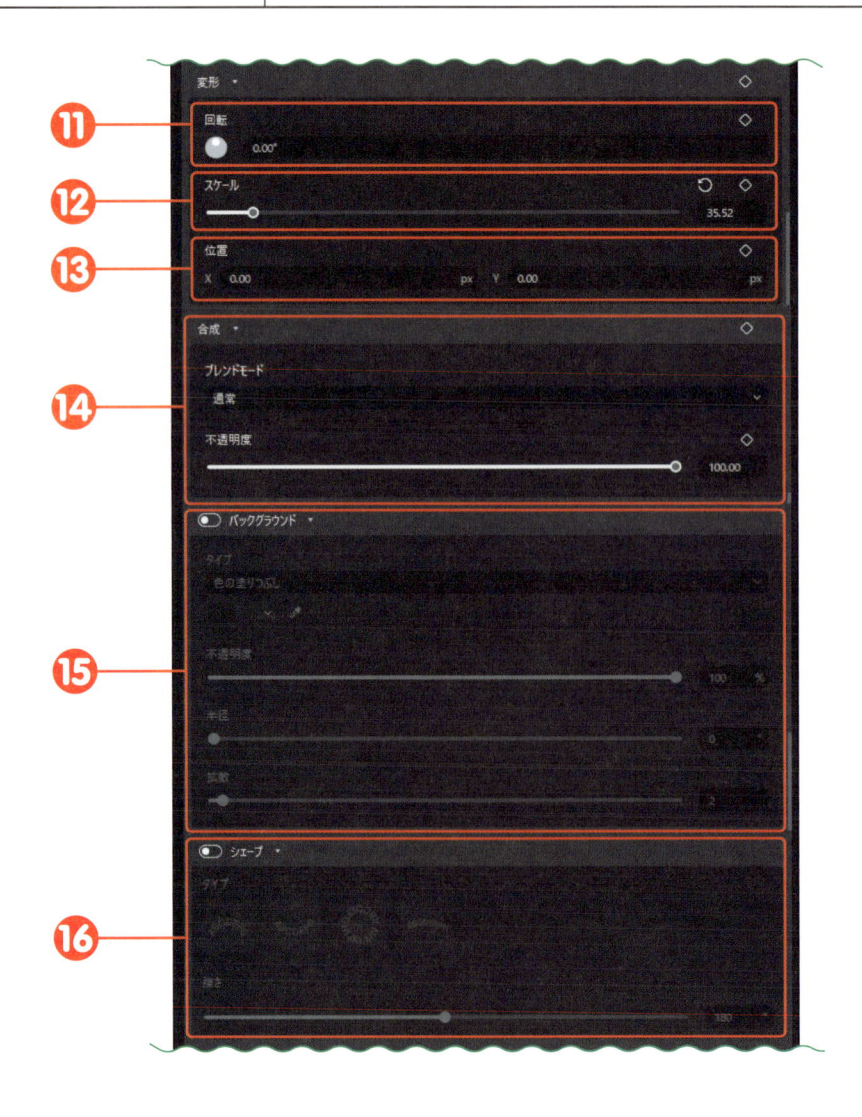

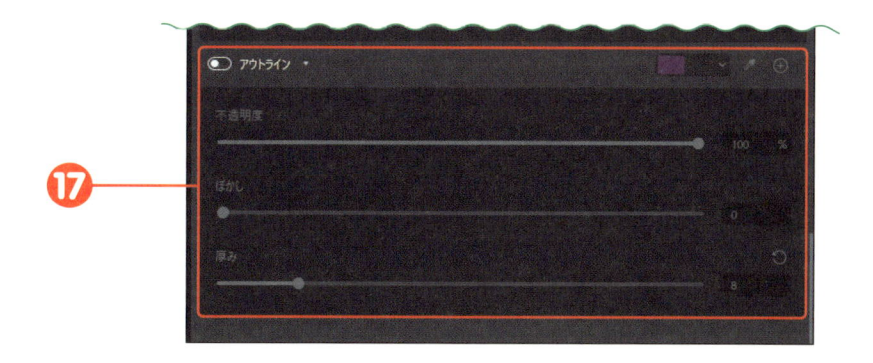

項目名	機能説明
⑪ 回転	テキストを指定した角度で回転させる機能です。映像に合わせた斜め配置や動きを加えることができます
⑫ スケール	テキストの大きさを拡大・縮小する機能です。自由にテキストのサイズを調整できます
⑬ X・Y位置	テキストの位置をピクセル単位で移動できます。細かい位置調整を行うことで、画面上のバランスを取ることができます
⑭ 合成	テキストや画像などのレイヤーを他の映像と組み合わせて表示する際のブレンドモードや透明度を調整する機能です。選択したブレンドモード（例えば「通常」や「スクリーン」など）に応じて、レイヤーがどのように背景と混ざり合うかを制御できます
⑮ バックグラウンド（背景）	テキストの後ろに背景色を追加します。文字の視認性を高めたり、デザインに一体感を持たせることが可能です
⑯ シェープ	テキストの周りにシェイプ（形状）を追加します。文字を囲んで視覚的に強調する効果を追加できます
⑰ アウトライン	テキストに外枠を追加します。文字を際立たせるために使用され、背景とのコントラストを強調します

位置と配置の調整

　プレビュー画面内でテキストをクリックしてドラッグすると、自由に配置できます。また、テキストの配置を中央や左右に揃えるガイドラインも自動で表示されるため、正確に配置することができます。

テキストのアニメーション設定

　テキストをダブルクリックし、表示された編集ウィンドウから「アニメーション」タブをクリックします。「アニメーション」タブでは、テキストのイン（登場）とアウト（退場）の動きを設定できます。さまざまな動きがプリセットとして用意されており、フェードインやスライドインなど簡単なアニメーションを選択できます。

インとアウトの設定

◆イン（表示される際の動き）

　「アニメーション」タブ内で、テキストがどのように表示されるかを選びます。たとえば、フェードインやズームインを設定して、自然にテキストが現れる効果を追加できます。

◆アウト（消える際の動き）

インと同様に、テキストが消えるときの動きも設定可能です。フェードアウトやスライドアウトなどを使って、テキストがスムーズに退場する効果を追加します。

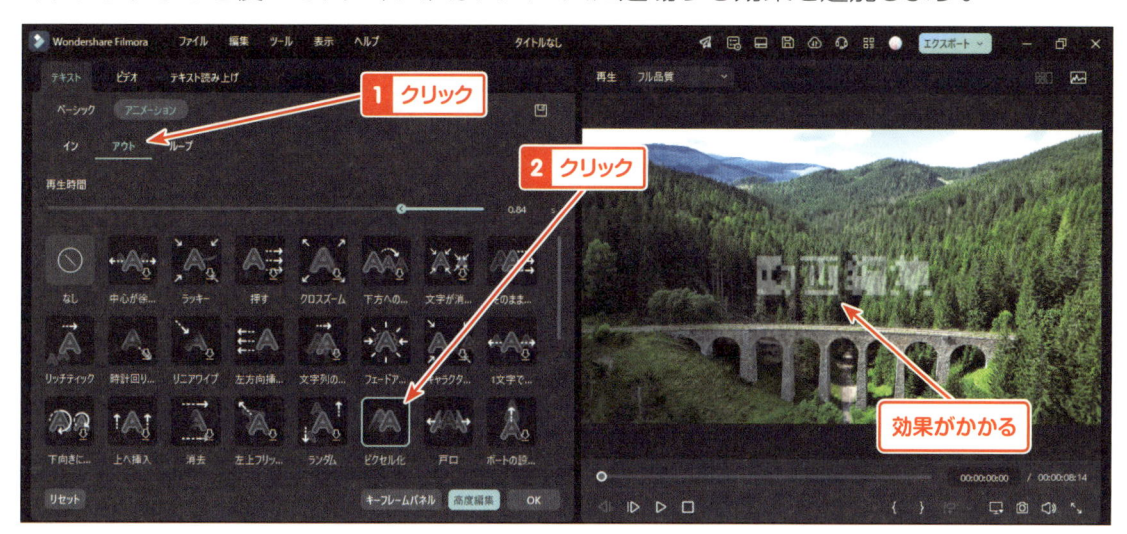

第
④
章
基
本
的
な
動
画
編
集
を
覚
え
よ
う

HINT

アニメーションを設定した後、プレビューウィンドウで確認します。テキストが自然に表示・退場するように、「アニメーション」タブでアニメーションの再生時間や速度を調整します。

タイトルテンプレートの活用

Filmoraには、映像にタイトルを追加するための豊富なテンプレートが用意されています。これらを活用することで、プロフェッショナルなタイトルを簡単に作成できます。

「タイトル」タブをクリックすると、Filmoraに内蔵されているさまざまなテンプレートが表示されます。画面の左側には、テンプレートのジャンル別に分類されたリストがあります。このリストから、動画のスタイルに合ったテンプレートを選びます。

検索窓の隣にあるフィルタを使用すると、無料・有料のテンプレートを絞り込んで表示ができます。

タイトルテンプレートの使い方

　タイトルテンプレートを使う際の操作は簡単で、テンプレートをタイムラインにドラッグ&ドロップし、入力したいテキストを編集するだけで十分なクオリティのタイトルを作成できます。完成されたデザインが組み込まれているため、基本的な操作のみでプロフェッショナルな仕上がりになります。

🟢 テンプレートを選ぶ際のコツ

　テンプレートを選ぶ際には、ジャンルから動画のスタイルに合ったものを選びましょう。人気のあるテンプレートや無料テンプレートを活用することで、コストを抑えながらも洗練されたデザインを実現できます。Filmoraのテンプレートはあらかじめ完成されたデザインが多いため、テキストを入力するだけでプロフェッショナルな仕上がりが簡単に得られます。

🟢 テキストアニメーションの使い方のコツ

　テキストアニメーションを設定する際は、動画のテンポに合わせたスピードで効果を選ぶのがポイントです。たとえば、スライドインやフェードインといったシンプルなアニメーションは、視聴者に自然な印象を与えます。また、注意を引きたい部分には、より目立つアニメーションを設定することで、効果的にメッセージを伝えられます。過度なアニメーションの使用は画面が騒がしくなる原因となるため、1つのクリップ内での使用は2種類程度に抑えると、動画全体が引き締まった印象になります。

第 5 章

音楽とナレーションを
追加しよう

12 音楽のインポート

　動画に音楽を追加することで、動画の雰囲気や感情を引き立て、視聴者により強い印象を与えることができます。Filmoraでは、簡単に音楽をインポートし、動画に組み込むことが可能です。

Filmoraに搭載されている音楽を使ってみよう

　Filmoraには、すでに音楽が搭載されています。自分で音楽ファイルを用意しなくても、Filmora内の音楽を使ってみましょう。

① オーディオタブを開く

　「オーディオ」タブをクリックすると、Filmoraに内蔵された音楽のリストが表示されます。音楽はジャンルごとに分類されており、動画の雰囲気に合った音楽を探せます。

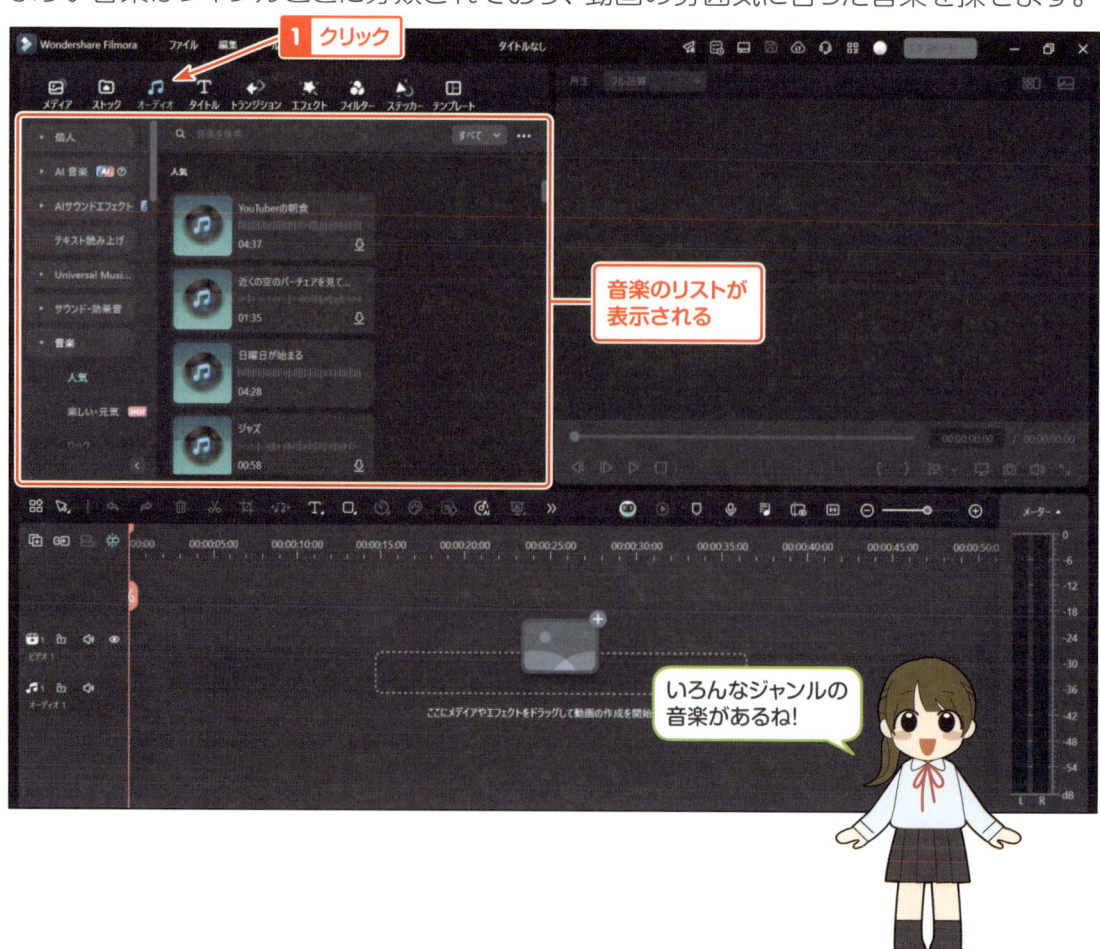

② 音楽をタイムラインに追加

使いたい音楽を選択し、タイムラインのオーディオトラックにドラッグ&ドロップします。

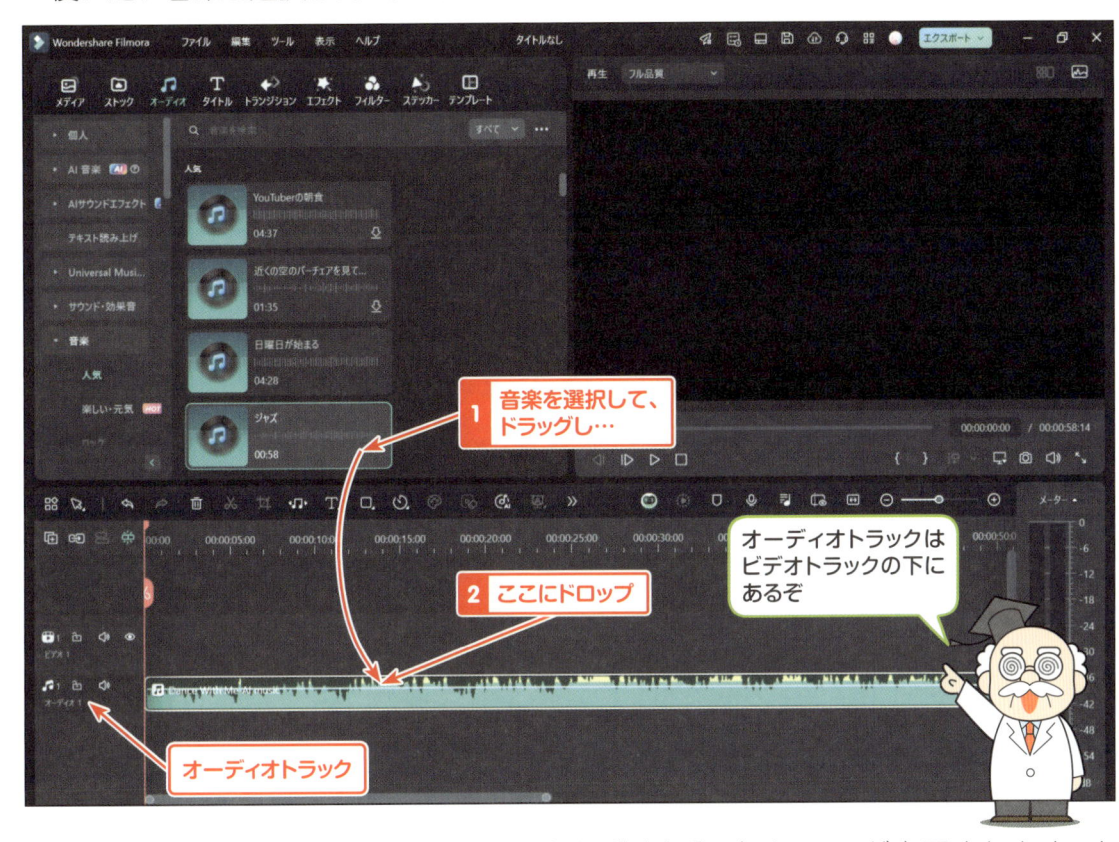

また、音楽ファイル名の横にカーソルをかざすと「：」メニューが表示されます。クリックするとその音楽の詳細が表示され、商用利用可能かどうかが確認できます。これにより、YouTubeなどの商用プラットフォームでも安心して使用できる音楽か簡単に判断できます。

さらに、検索窓の隣にあるフィルタ機能を使えば、商用利用可能な音楽だけを表示することも可能です。商用目的で動画を作成する際には、このフィルタを活用して、YouTubeにも適した音楽を選びましょう。

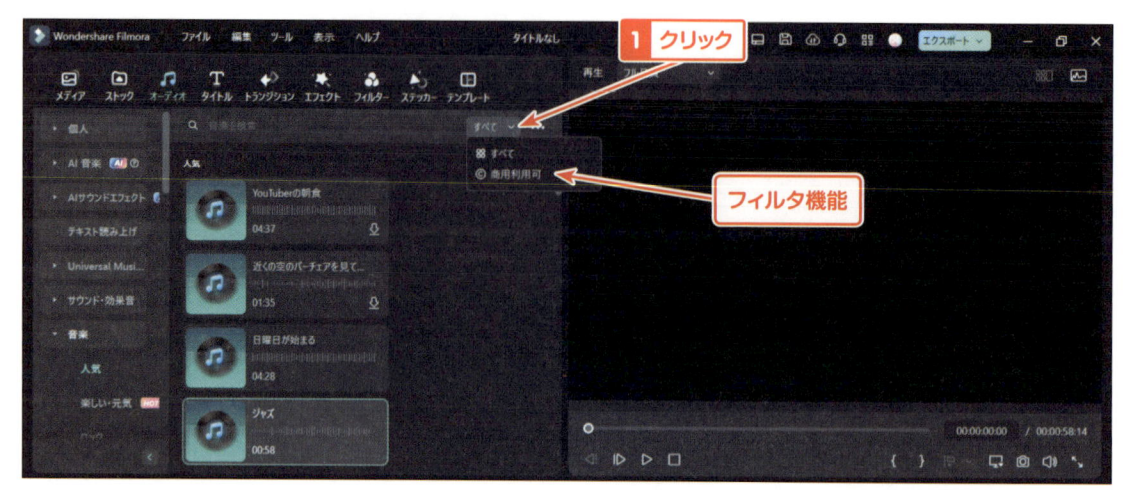

商用利用可能なものだけを簡単に選べるから、動画の収益化も心配いらんぞ！

YouTubeにも安心して使えるね！

📦 有名YouTuberが使う無料音源サイト

以下の無料音源サイトは、人気のYouTuber（ユーチューバー）にも利用されており、商用利用も許可されている音源が多数提供されています。動画に合わせた音楽や効果音を見つけるのに便利です。

◇ BGMer

無料のBGM素材を提供しているサイトです。商用利用も許可されており、ジャンルごとに豊富な音楽が揃っています。多くの楽曲があり、簡単に検索できるインターフェースが特徴で、ループ音源も豊富にあります。

URL https://bgmer.net

◇ DOVA-SYNDROME

クリエイターが作成した音楽素材が揃う大規模な無料音源サイトです。使用時のクレジット表記が必要な場合があります。様々なジャンルの音楽があり、アーティストごとに曲を検索可能です。高品質の楽曲が多数あります。

URL https://dova-s.jp

◇ 魔王魂

オリジナルの派手なBGMやSEが豊富で、動画にインパクトを与えたいときに活用できます。

URL https://maou.audio

◇ OtoLogic

フリーで利用できる高品質なBGMを提供しているサイトです。ピアノ曲や環境音楽など、リラックスできる楽曲が豊富です。主に穏やかなBGMが中心で、動画やスライドショー、リラクゼーション用に最適です。

URL https://otologic.jp

◇ 効果音ラボ

効果音に特化した無料サイトです。映画やゲーム、動画編集向けの効果音が多く揃っています。幅広いシチュエーションに対応する効果音が無料で利用可能です。シンプルなUIで、必要な効果音を素早く検索することができます。

URL https://soundeffect-lab.info

第**⑤**章 音楽とナレーションを追加しよう

13 音楽の編集

動画に追加した音楽をそのまま使うこともできますが、よりプロフェッショナルな仕上がりにするためには、音楽のトリミングや音量調整が必要です。今回は、音楽を動画の長さに合わせてトリミングし、音量を調整してみましょう。

動画の長さに合わせて音楽をトリミングしてみよう

動画の長さに合わせて音楽をトリミングする方法を学びましょう。これにより、音楽が突然途切れたり、長すぎたりすることがなく、動画全体の流れがスムーズになります。

① 動画クリップを配置

まずは、タイムラインに動画をドラッグ&ドロップし、動画クリップを配置しましょう。これが基準となります。

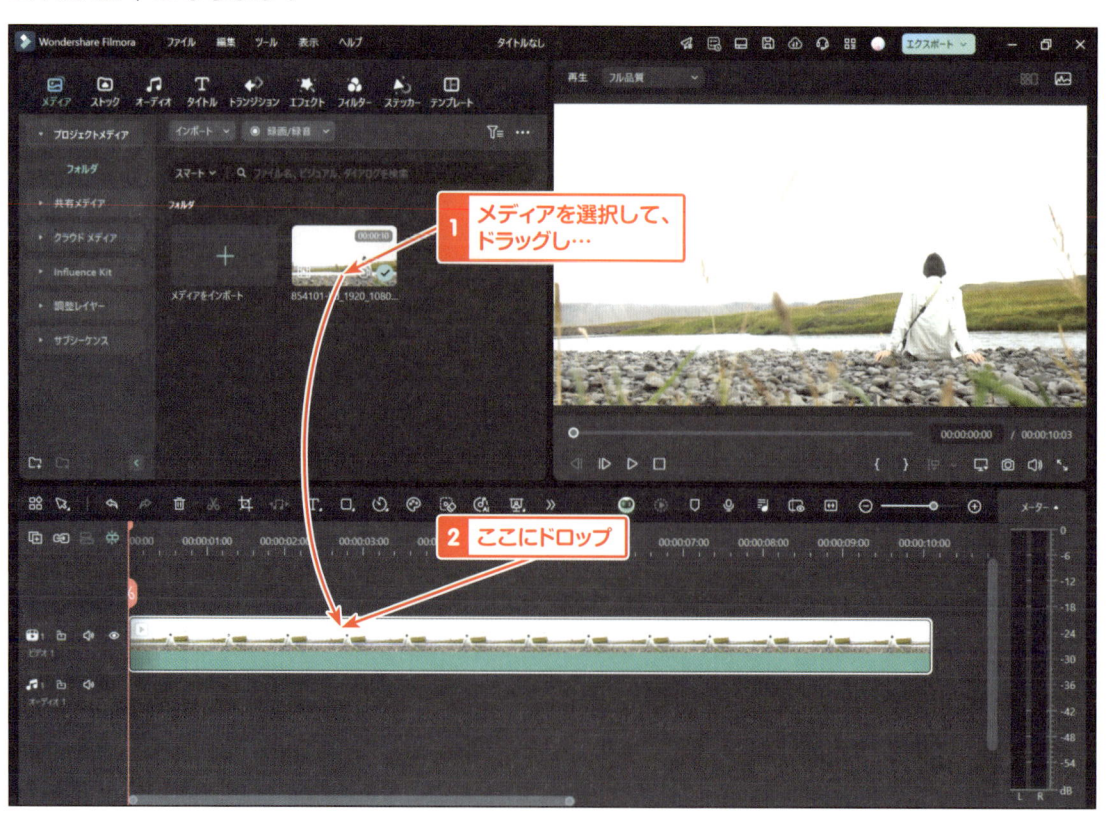

② オーディオを追加

次に、「オーディオ」タブをクリックします。好きな音楽をタイムライン上のオーディオトラックに、ドラッグ&ドロップして配置します。

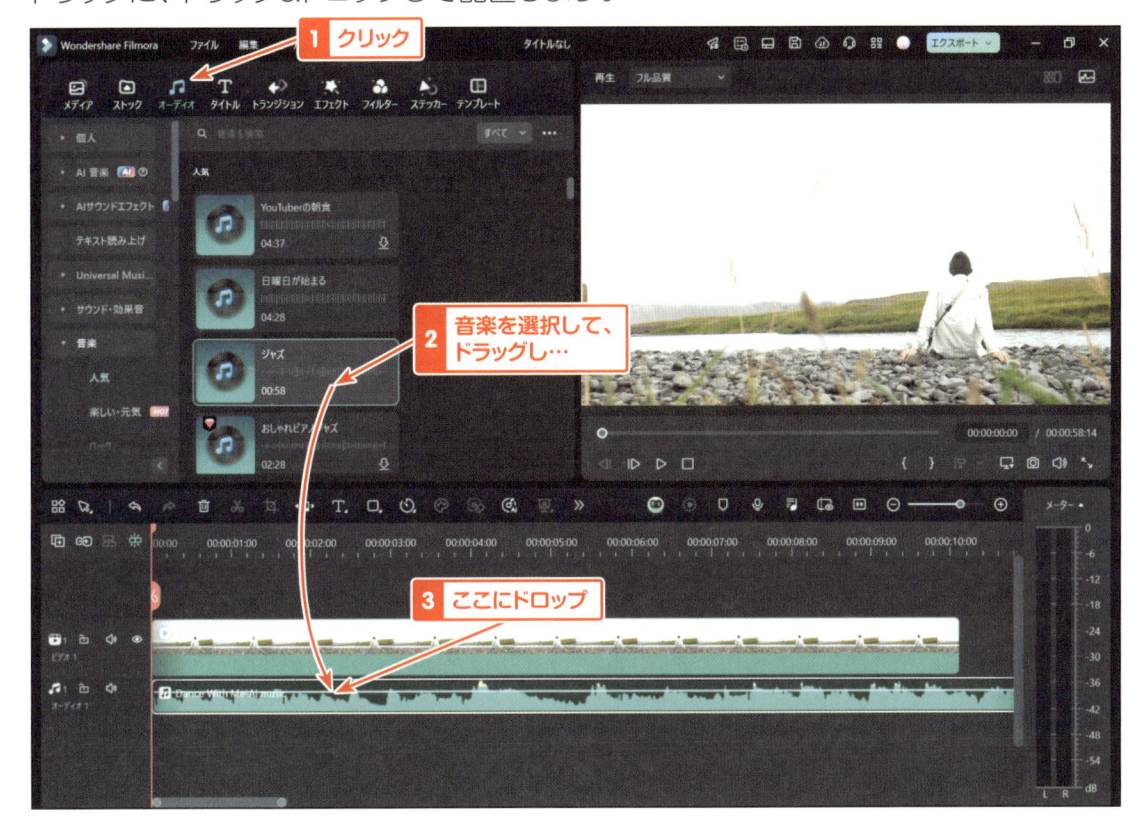

③ 再生ヘッドを移動

再生ヘッドをドラッグし、動画クリップの終わりの位置に移動します。

④ 音楽クリップを分割

再生ヘッドのハサミマーク（分割ツール）をクリックして、再生ヘッドの位置で音楽クリップを分割します。

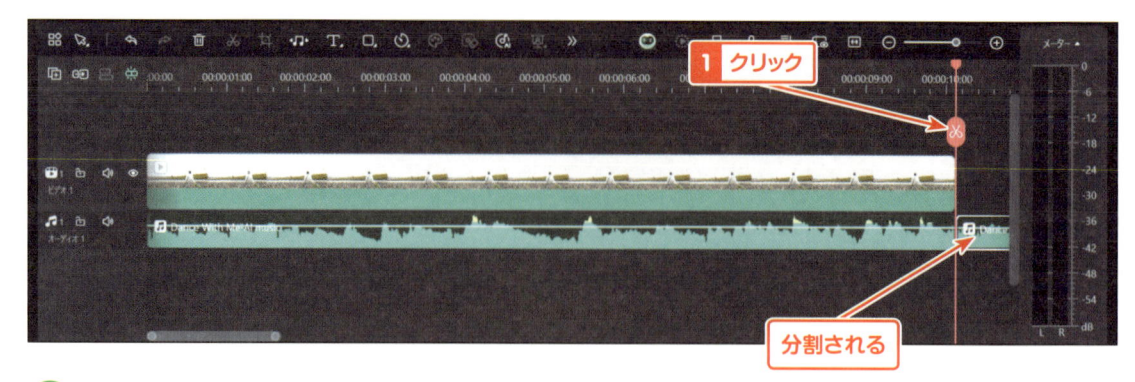

⑤ 不要な部分を削除

分割後、動画の長さに合わせて不要な音楽クリップを右クリックし、表示されたメニューから「削除」を選択するか、[Delete]キーを押して削除します。

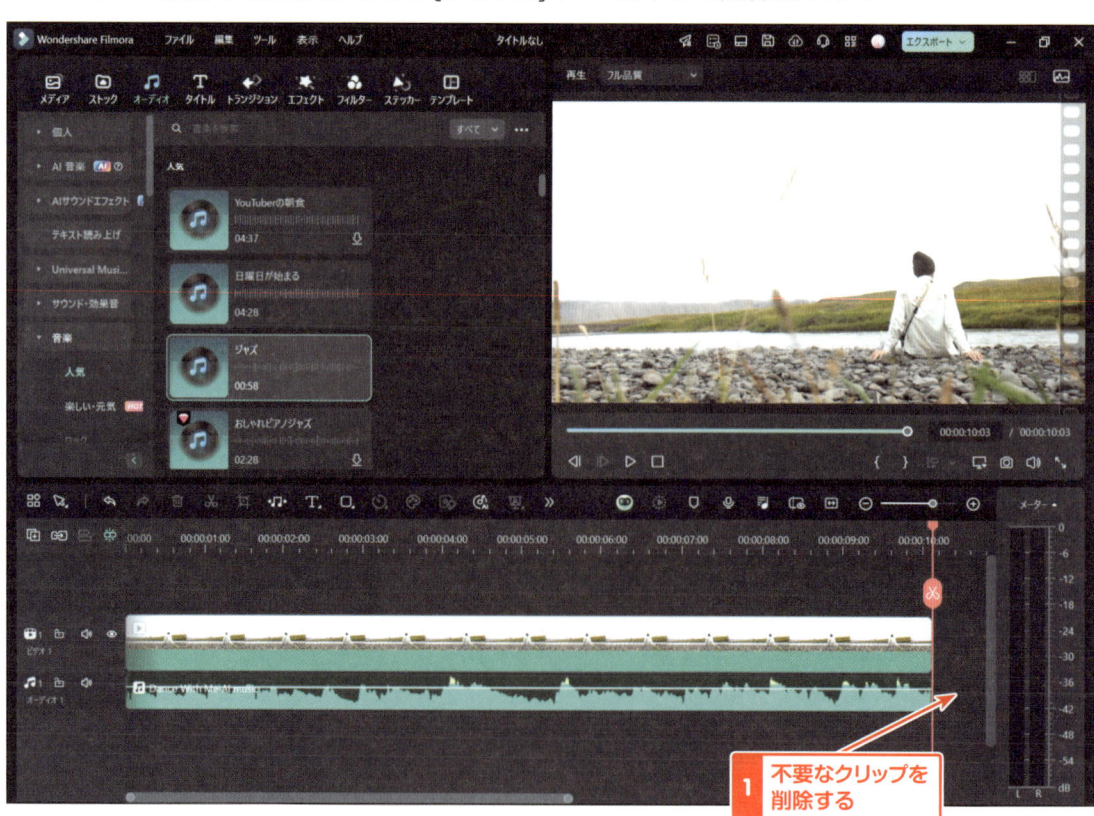

これで、音楽が動画の長さに合いました。音楽が動画の最後と一緒に終わると、仕上がりがとてもスムーズになりますね。

音量を調整してみよう

次に、音量を調整しましょう。音量が大きすぎたり小さすぎたりすると、全体のバランスが崩れてしまいます。視聴者が心地よく聞ける音量に調整しましょう。

① オーディオ編集画面を開く

タイムライン上の音楽クリップをダブルクリックして、オーディオ編集画面を開きます。編集画面から、音声波形の下にある「調整」をクリックします。

② 音量スライダーを調整

編集画面の「音量」スライダーを左右に動かし、調整します。音量を上げたい場合は、スライダーを右に、音量を下げたい場合は、スライダーを左にドラッグします。

③ 音声メーターを確認しながら調整

　タイムライン右側の音声メーターも合わせて確認します。音声メーターが−6dB（デシベル）の位置に到達するように「音量」スライダーを調整しましょう。このレベルがベストです。

🟢 音声メーターを−6dBに合わせる理由

　音量の調整で、なぜ−6dBがベストなのかというと、−6dBは音がクリアに聞こえる音量でありながら、音割れや歪みを防ぐためです。特に、音楽とナレーション、効果音が重なる場合、全体の音量バランスが重要です。−6dBは、視聴者にとって心地よい音量であり、特にYouTubeなどのオンラインプラットフォームでも推奨される音量レベルです。

　また、ナレーションを追加する場合は、BGMの音量をさらに下げることをお勧めします。ナレーションが主役となるため、BGMは−12dBから−18dB程度に抑えると、ナレーションが明瞭に聞こえ、BGMが邪魔をしないバランスになります。

　ただし、使用する音源によって音量は異なることがあります。そのため、必ずしも数値だけに拘らず、最終的には自身の耳で確認して調整することが大切です。耳で判断しながら最適な音量を調整しましょう。

自分の耳でバランスを確認するのが一番大切じゃ。視聴者が心地よく聞ける音量に調整するのじゃ！

第5章　音楽とナレーションを追加しよう

14 ナレーションの録音（ボイスオーバー）

ボイスオーバーとは、動画の上に自分の声などの音声を追加することです。たとえば、映像の説明を自分の声で解説することで、視聴者に伝えたい内容をより明確に伝えることができます。今回は、自分の声でナレーションを入れてみようというテーマで、ボイスオーバーの設定と録音方法を一緒にやってみましょう。

マイクの設定をしてみよう

ナレーションを録音する前に、マイクの設定が必要です。これでクリアな音声を録音できます。

Filmoraの「メディア」タブから「録画/録音」をクリックします。「ボイスオーバーを録音する」をクリックすると、「オーディオ録音」の画面が表示されます。各項目の説明は以下の通りです。

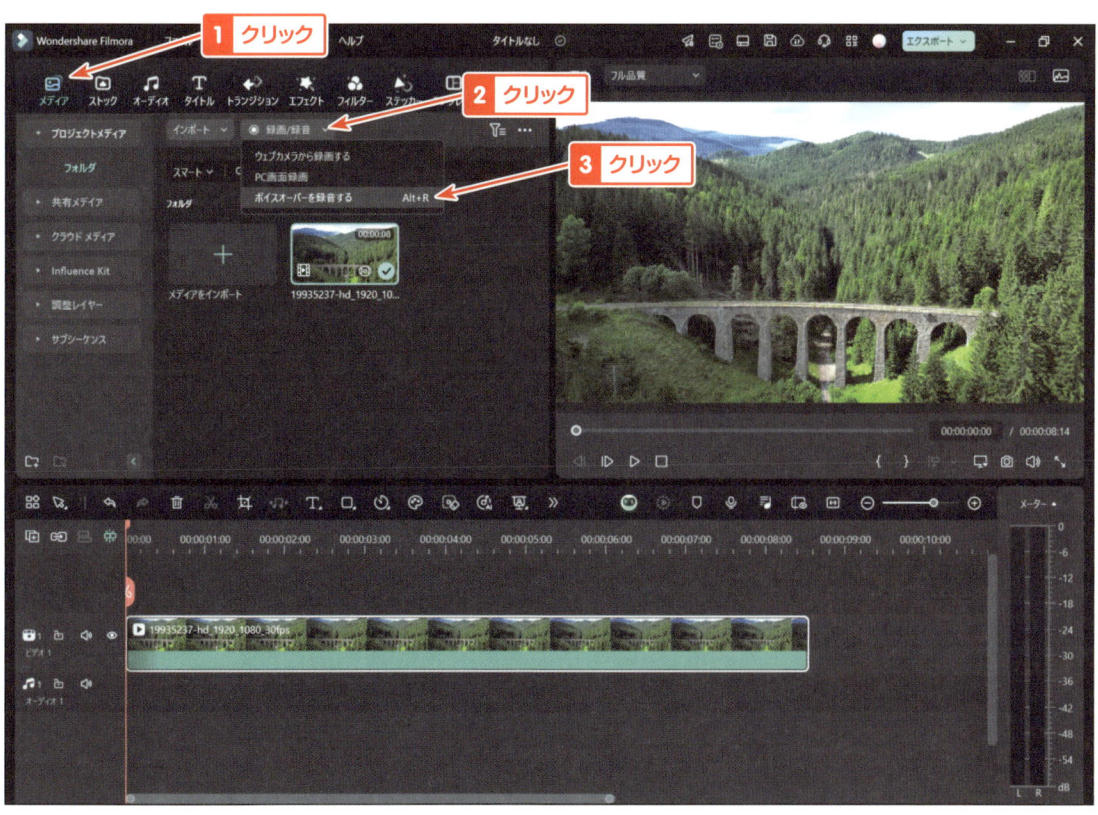

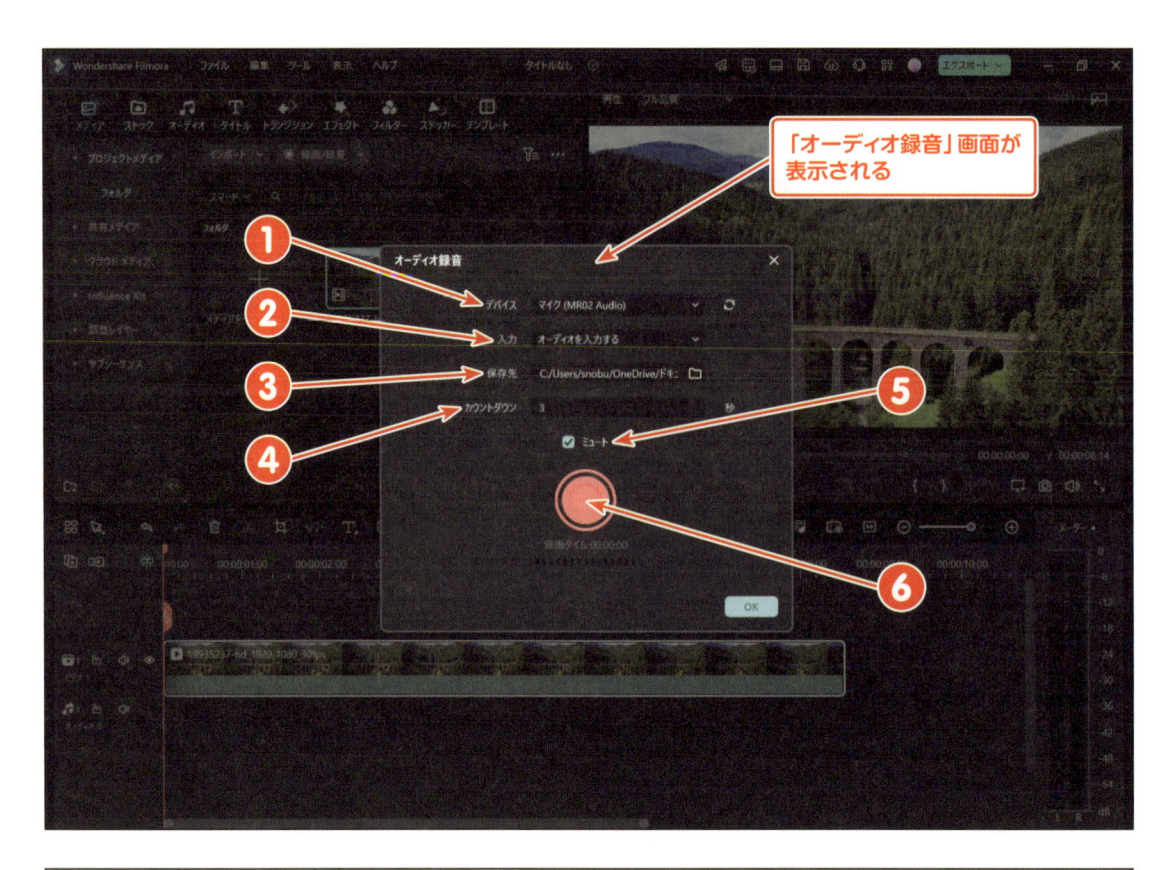

「オーディオ録音」画面が表示される

項目	説明
❶ デバイス	使用するマイクデバイスを選択します。パソコンに複数のマイクが接続されている場合、このリストから使用するマイクを選びます
❷ 入力	録音するオーディオの種類を選びます。通常は「オーディオを入力する」を選択します
❸ 保存先	録音したナレーションの音声ファイルが保存される場所を設定します。デフォルトではドキュメントフォルダに保存されますが、クリックして他の場所に変更することも可能です
❹ カウントダウン	録音開始前のカウントダウンを設定します。通常は3秒ですが、必要に応じて変更できます。録音前に心の準備をするための時間です
❺ ミュート	このオプションにチェックを入れると、録音中にスピーカーから音が出ないように設定できます
❻ 録音ボタン	中央にある赤いボタンをクリックすると録音が開始されます。もう一度クリックすると録音が停止します

自分の声でナレーションを入れてみよう

次はナレーションを録音してみましょう。自分の声を使って動画に説明を加えることで、視聴者に直接語りかけるような動画が作れます。

① 録音を開始

録音ボタンをクリックして、自分の声でナレーションを開始しましょう。録音が終わったら、もう一度録音ボタンをクリックして停止します。録音が終わると、ナレーションクリップがタイムラインのオーディオトラックに自動的に配置されます。録音が完了したら「OK」ボタンをクリックします。

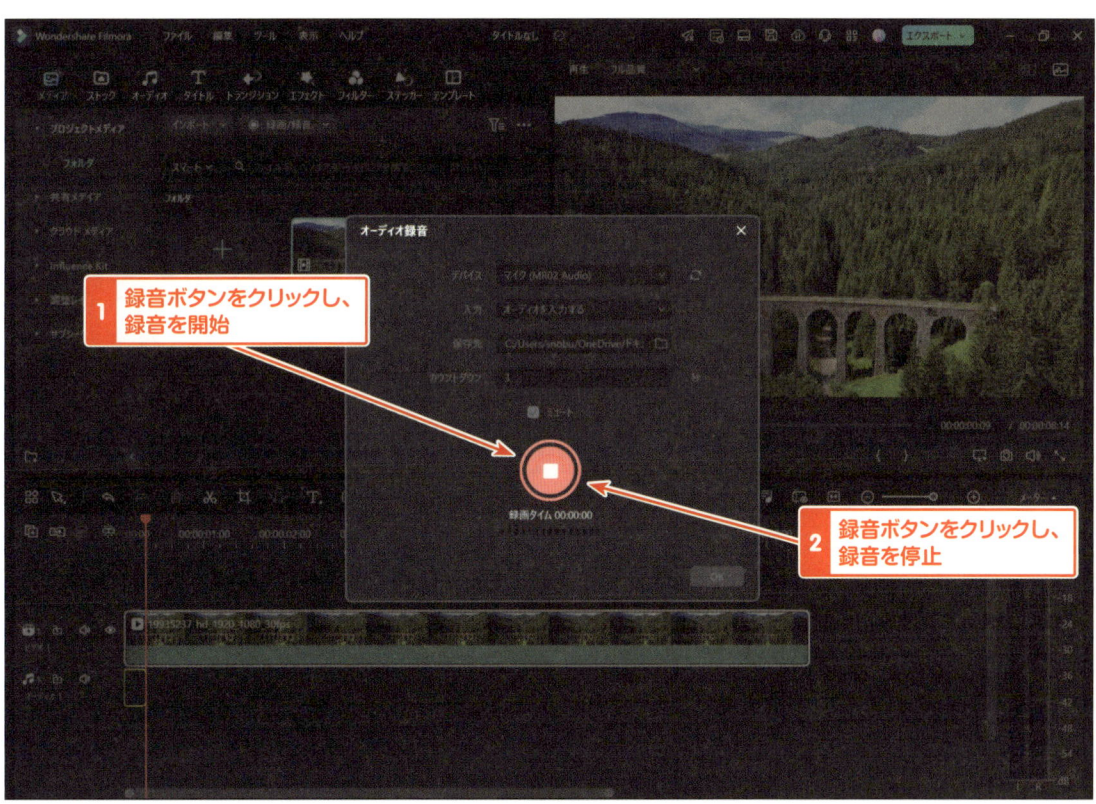

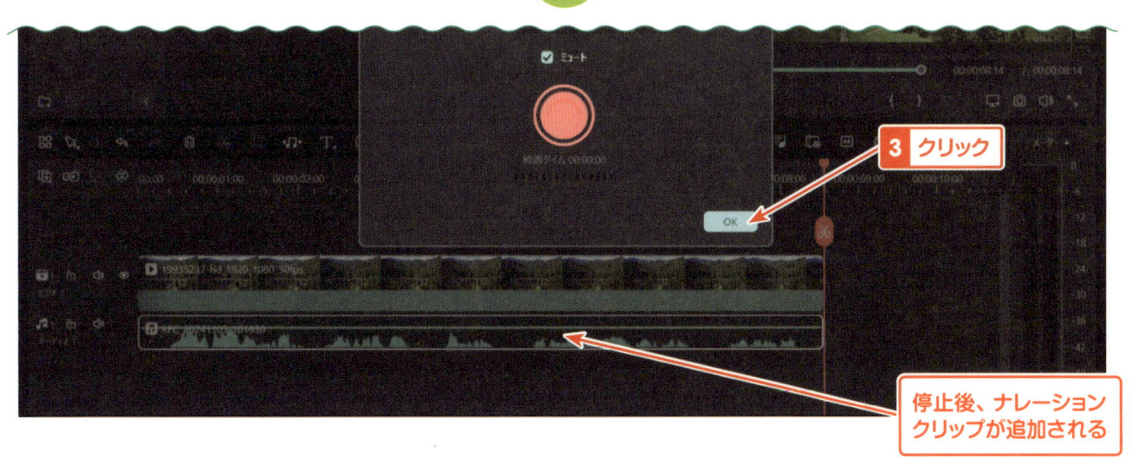

② 収録された音声を確認

動画を再生して、収録された音声を聞いてみましょう。

録音したナレーションの音量を調整することも大切です。他の音楽や効果音とのバランスを取るために、ナレーションクリップをダブルクリックしてオーディオ編集画面を開き、適切な音量に設定しましょう。ナレーションの音量を確認して、視聴者がしっかり聞き取れるように調整してみてください。

ONE POINT

🔷 ボイスオーバーのコツ

ボイスオーバーを録音する際、クリアで聞き取りやすい音声を心がけましょう。周囲の雑音を抑えるために、できるだけ静かな環境で録音することがポイントです。さらに、マイクとの距離を一定に保つことで音量が安定し、プロフェッショナルな仕上がりに近づけることができます。また、録音後に必要に応じてトリミングや音量調整を行い、他の音楽や効果音とバランスを取ることも忘れずに。

第6章

動画を
エクスポートして
共有しよう

15 動画のエクスポート

エクスポートとは、タイムライン上でバラバラになっている動画、タイトル、音楽などの素材をすべて1つの動画ファイルにまとめて変換することです。エクスポートすると、編集した内容が1つのファイルにまとまり、それをSNSで共有したり、YouTubeにアップロードしたりできるようになります。

動画をエクスポートしてみよう

編集が終わったら、タイムライン上に並べた動画、タイトル、音楽などを1つの動画ファイルに変換する必要があります。それがエクスポートです。手順はとても簡単なので、一緒にやってみましょう。

① 「エクスポート」ボタンをクリック

動画編集が終わったら、画面右上にある「エクスポート」ボタンをクリックします。このボタンをクリックすることで、エクスポート画面が表示されます。

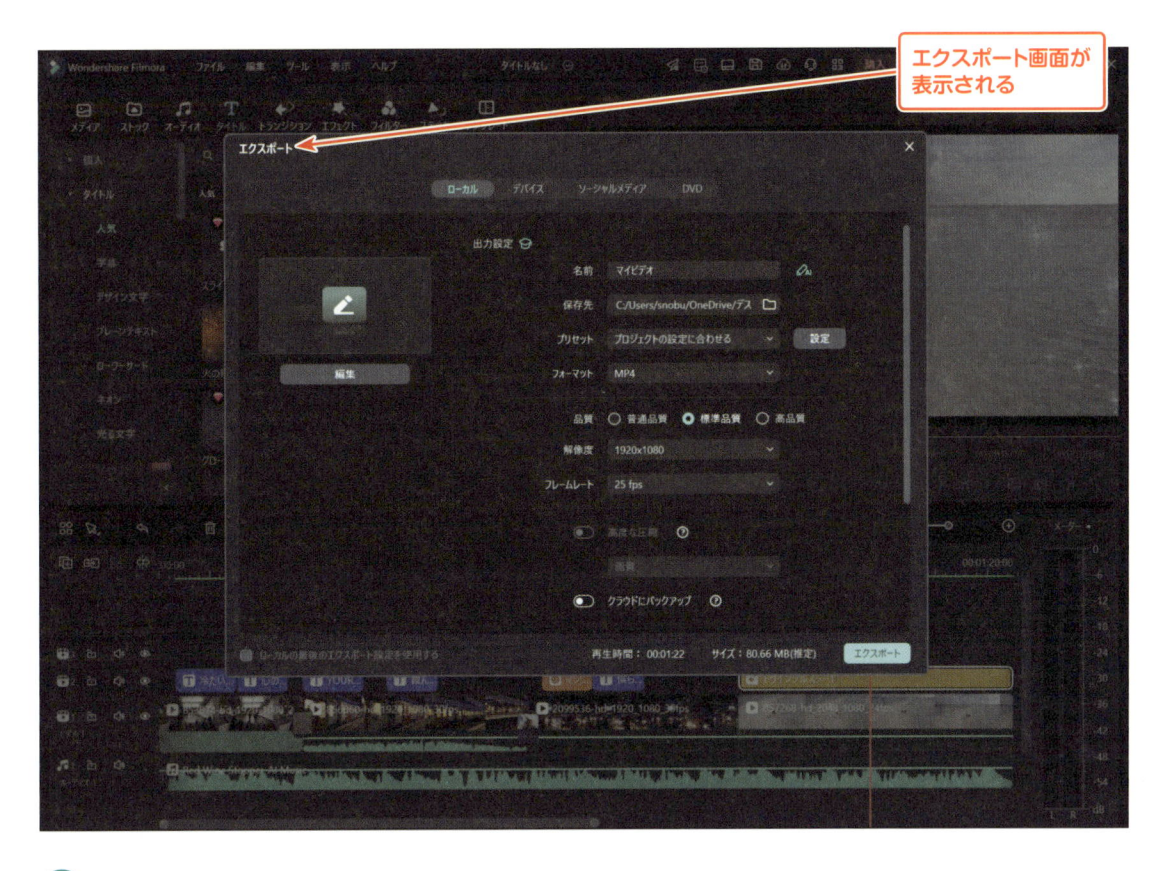

エクスポート画面が
表示される

②ファイル名を入力する

　エクスポート画面で、まず保存する動画の「ファイル名」を入力します。デフォルトの
名前が入っている場合は、自分がわかりやすい名前に変更しましょう。

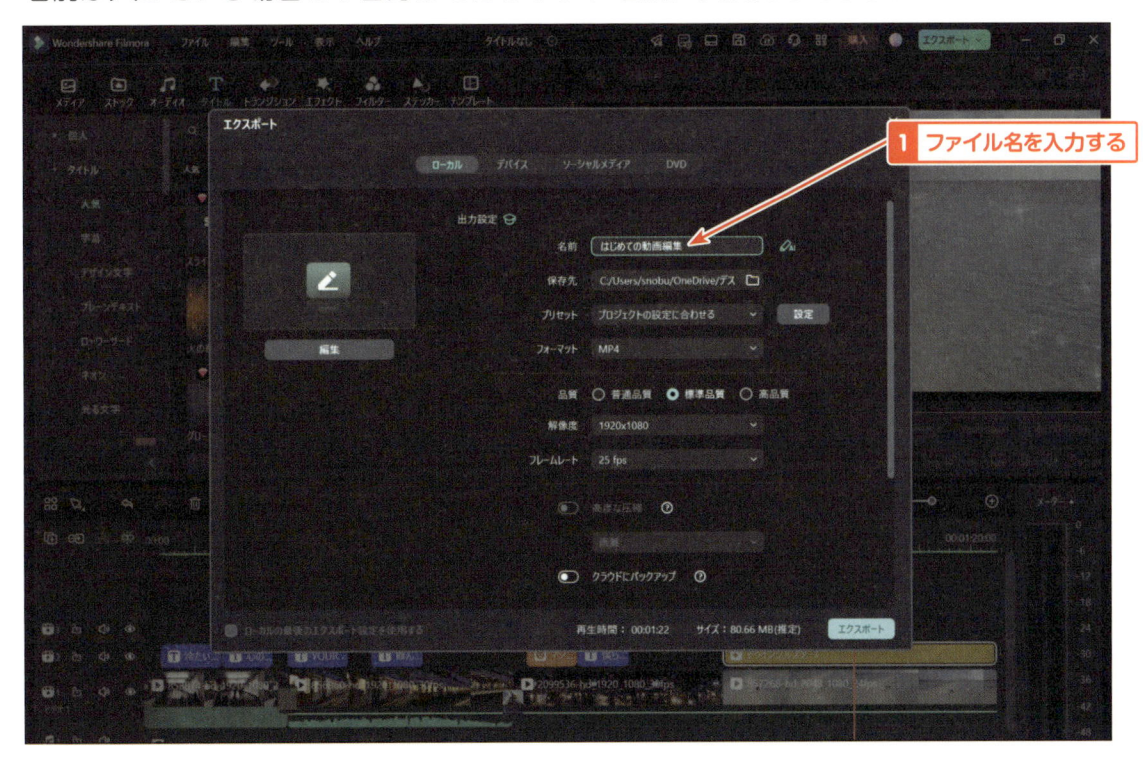

1 ファイル名を入力する

③ 保存先を選ぶ

　次に、「保存先」を選びます。デフォルトではパソコン内のフォルダが選ばれていますが、「保存先」の右側にあるフォルダマークをクリックすると、動画を保存する場所を指定できます。保存フォルダの指定後、「フォルダーの選択」ボタンをクリックします。

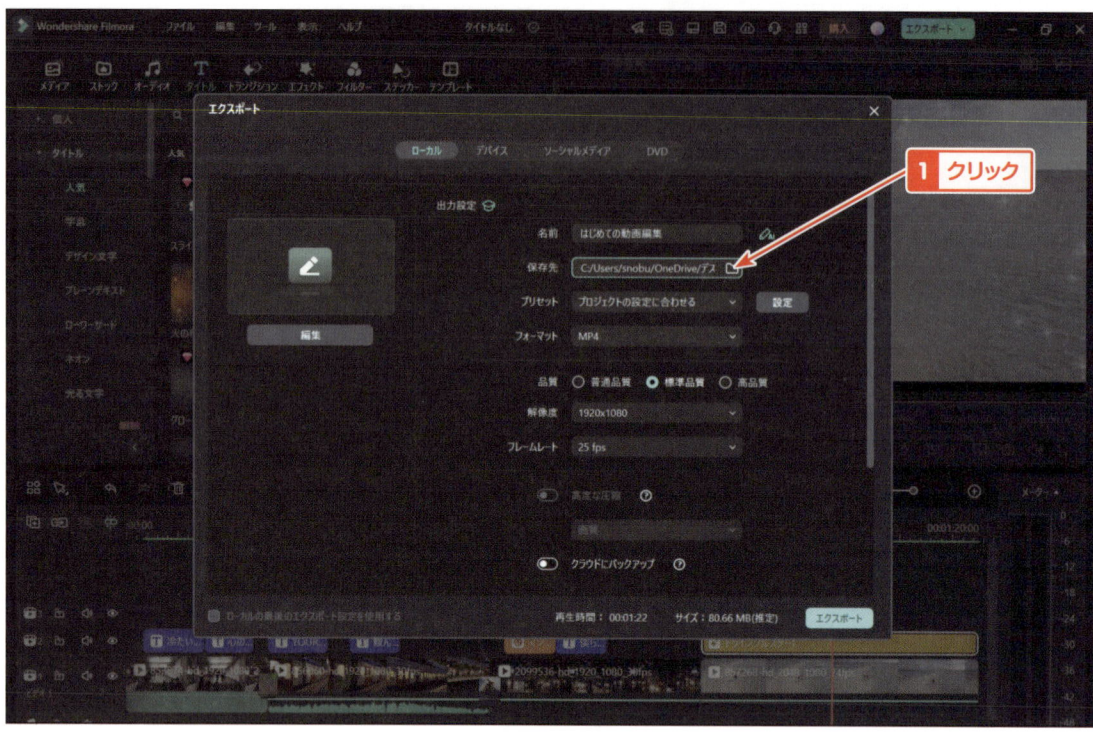

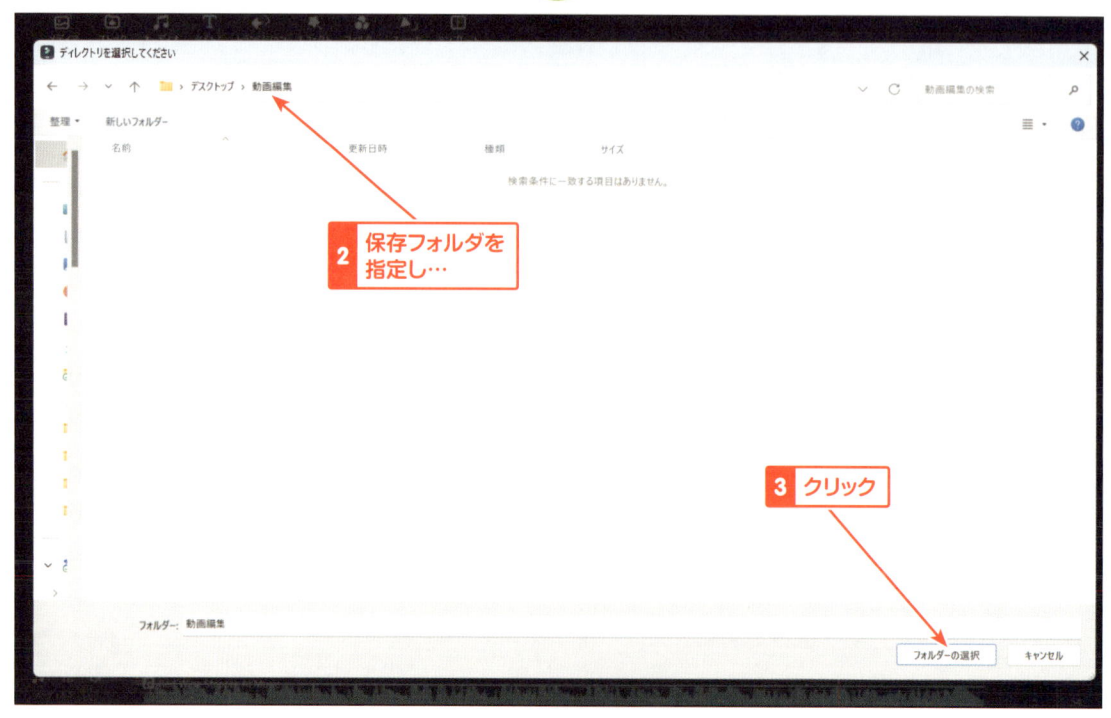

④ ファイル形式を選ぶ

Filmoraでは、「フォーマット」のドロップダウンメニューから動画のファイル形式を選べます。初めての方には、汎用性が高いMP4をおすすめしますが、他にもMOVやAVIなど、さまざまな形式が選べます。

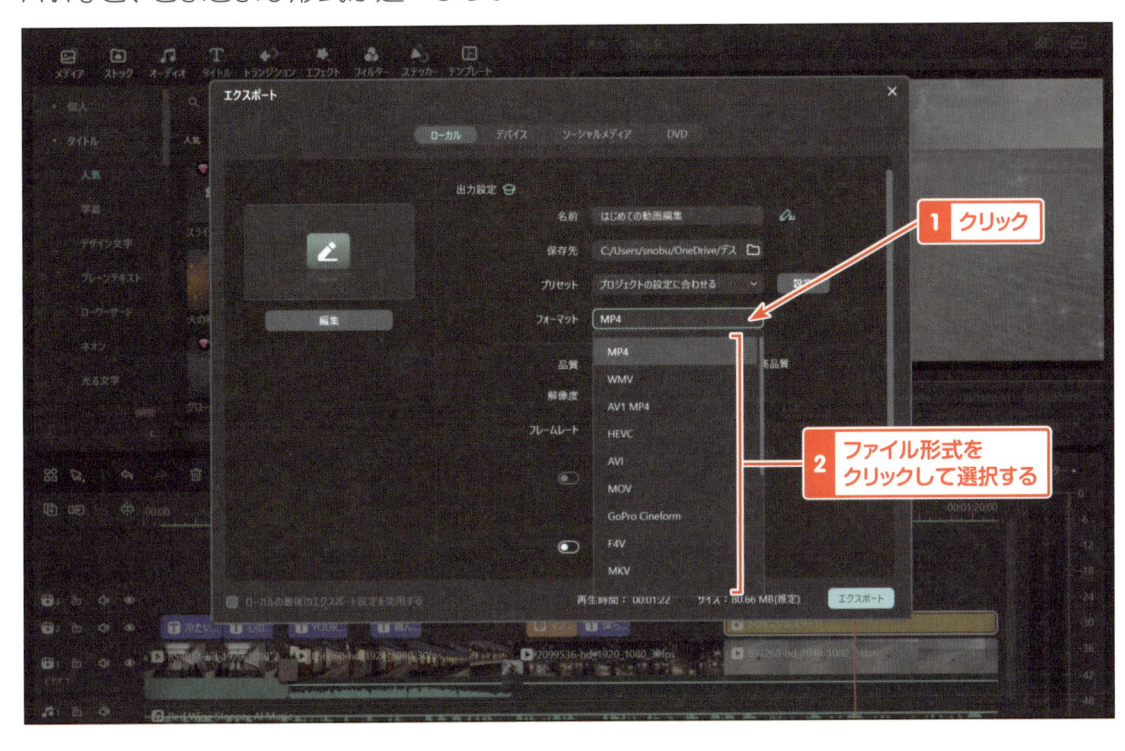

⑤ 品質を設定する

動画の品質を設定します。「普通品質」、「標準品質」、「高品質」の中から、クリックして選択します。可能な限り高画質にしたい場合は、「高品質」を選ぶのがおすすめです。特にYouTubeなどにアップロードする際は、高品質設定を選ぶことで視聴者にクリアで滑らかな動画を提供できます。

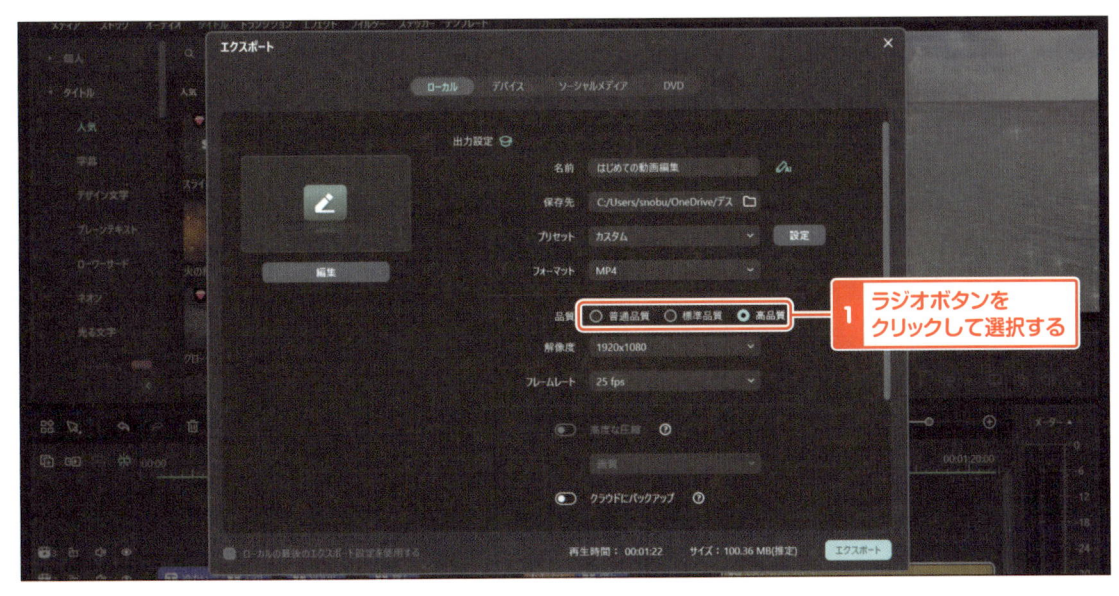

HINT

　高品質設定を選ぶと、映像がより鮮明でクリアになります。解像度は、動画の縦横のピクセル数を示し、画面上の映像の大きさを決定します。一方、品質設定では、同じ解像度内での映像の鮮明さを調整します。たとえば、フルHD（1920×1080）の解像度でも、品質が高いほど細部までくっきりと表示され、滑らかな再生が可能になります。高品質を選ぶとファイルサイズが大きくなるため、ストレージ容量やアップロード時間に注意が必要です。

⑥ 解像度を設定する

　次は解像度を設定します。解像度は、動画の大きさや鮮明さを決定します。数字が大きいほど、映像の細部までクリアに表示されます。たとえば、1920×1080（フルHD）は一般的な高画質の基準です。解像度を高くするほど、より細かく鮮明な映像になりますが、ファイルサイズも大きくなるので、ストレージの容量に注意しましょう。

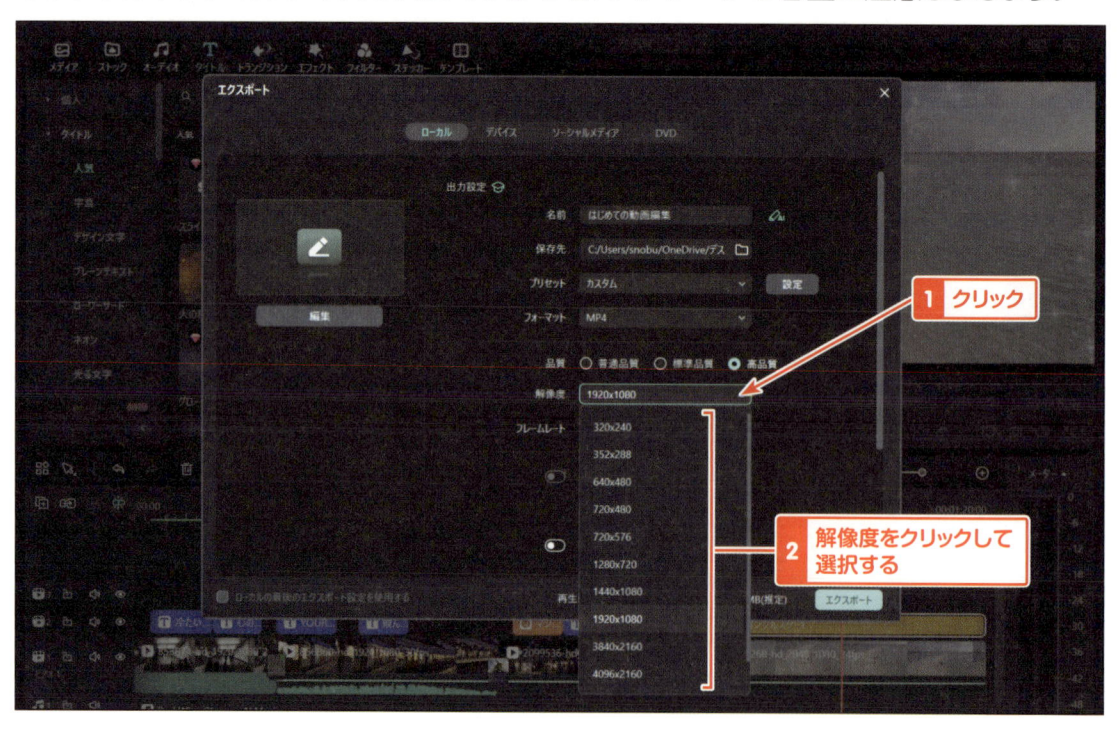

キレイに見えるのも大事だけど、容量にも気をつけたいね

⑦ フレームレートを設定する

　動画は、連続する多くの画像（フレーム）が高速で再生されることで動きが表現されています。フレームレートは、この1秒間に表示されるフレーム（画像）の枚数を指します。たとえば、30fpsは1秒間に30枚の画像が表示され、映像が再生されます。元の動画素材のフレームレートに合わせるのが基本です。30fpsの動画素材には30fpsを選び、元の素材が60fpsであれば60fpsを選ぶと、より滑らかな映像が得られます。

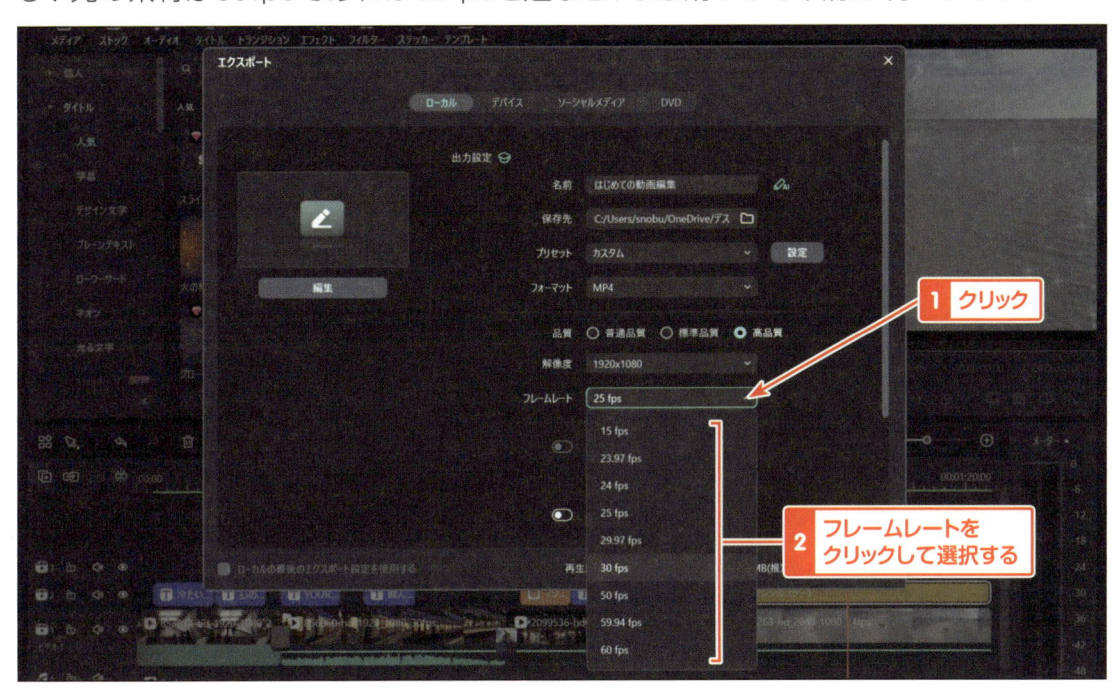

⑧ エクスポートボタンをクリック

　設定が完了したら、最後に右下の「エクスポート」ボタンをクリックします。これで、タイムラインにあるすべての素材が1つの動画ファイルとして変換され、指定した場所に保存されます。エクスポートが完了すると、通知が表示されます。

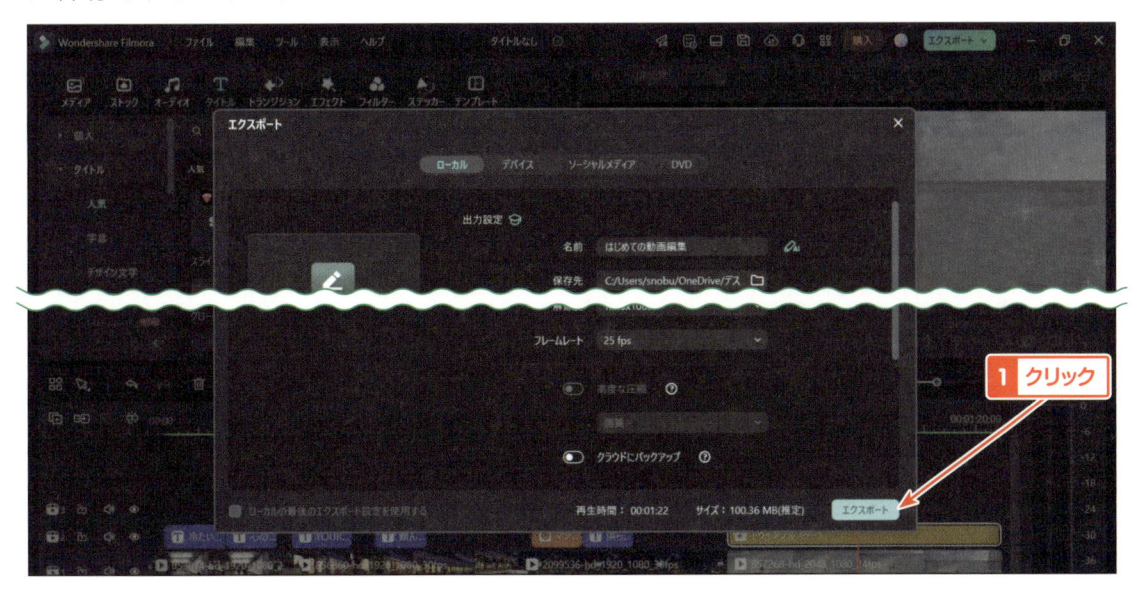

これでエクスポートの一連の流れが完了です。動画が正常に保存されているか、そして正しい品質で再生されるかを確認しましょう。

ONE POINT

🟢 エクスポート後の表示（無料版使用時）

無料版のFilmoraを使用している場合、エクスポートボタンをクリックした後に次のような画面が表示されます。

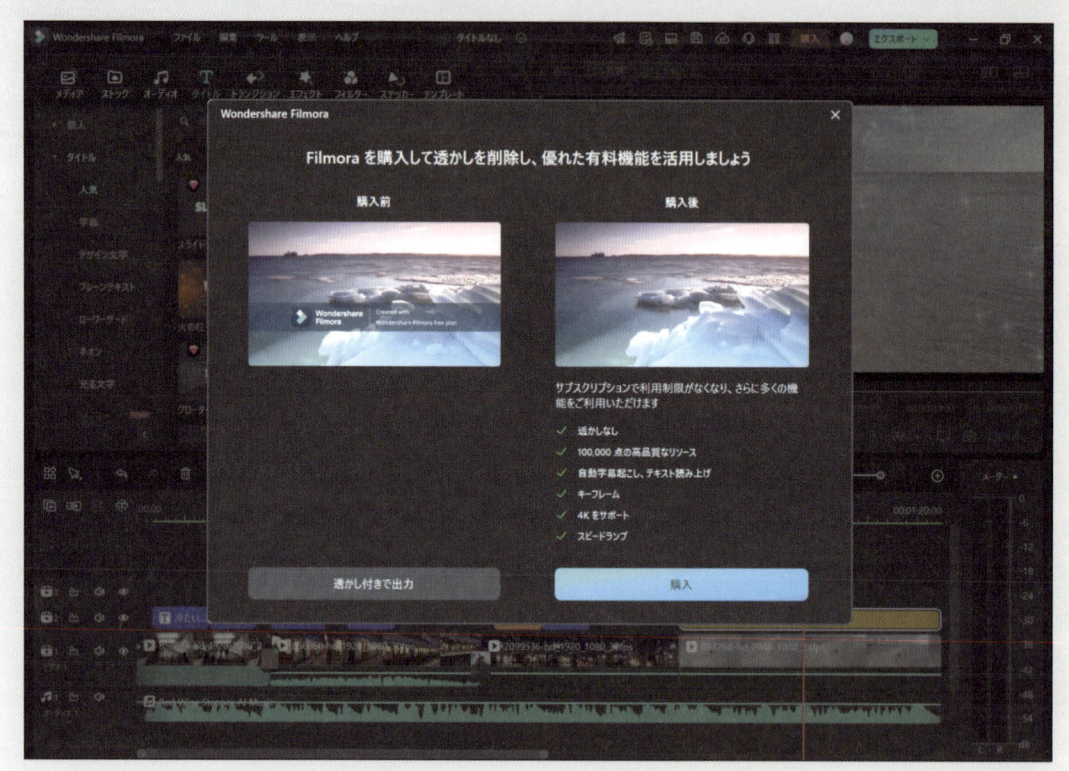

この画面は、Filmoraを購入することで、透かし（ウォーターマーク）を除去し、さらに多くの機能を利用できることを知らせるものです。

無料版でエクスポートすると、動画にはFilmoraのロゴ透かしが表示されます。Filomoraを購入後は、透かしが消え、さらに追加の機能を利用できるようになります。

ここで、「透かし付きで出力」ボタンをクリックすると、そのまま透かしが付いた動画としてエクスポートが完了します。透かしを取り除きたい場合は、「購入」ボタンから有料版を購入する必要があります。

16 YouTubeへ動画をアップロード

YouTubeに動画をアップロードすることで、多くの視聴者にコンテンツを届けることができます。このセクションでは、YouTubeチャンネルの設定から動画のアップロード手順、動画の詳細設定、公開方法まで、Filmoraからの直接アップロードとYouTube Studioを使ったアップロードの両方について説明します。

YouTubeチャンネルを設定してみよう

動画をYouTubeにアップロードするには、まずはYouTubeチャンネルを作成する必要があります。チャンネルを作るのは簡単で、すぐに始められます。これからその手順を一緒に見ていきましょう。

① YouTubeにアクセスする

まず、YouTube (https://www.youtube.com/) にアクセスします。アクセス後、右上にある「ログイン」ボタンをクリックして、Googleアカウントでログインしましょう。ログインが完了すると、右上にプロフィールアイコンが表示されます。ログイン後、このアイコンをクリックしてください。

いよいよアップロードじゃ

②チャンネルを作成する

表示されたメニューから「チャンネルを作成」をクリックします。ここで、新しいYouTubeチャンネルを作成するためのウィザードが表示されます。

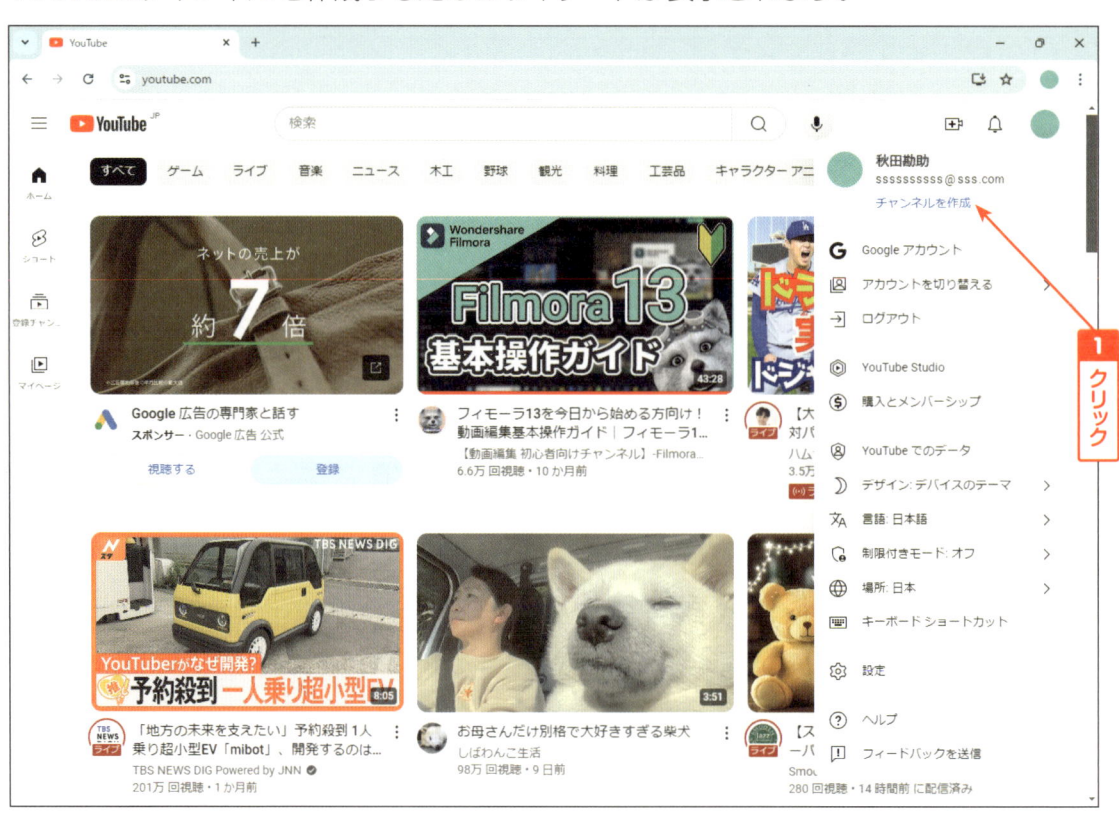

③ チャンネルのプロフィールを設定してみよう

クリック後、チャンネルのプロフィール設定画面が表示されます。必要項目を設定、入力します。

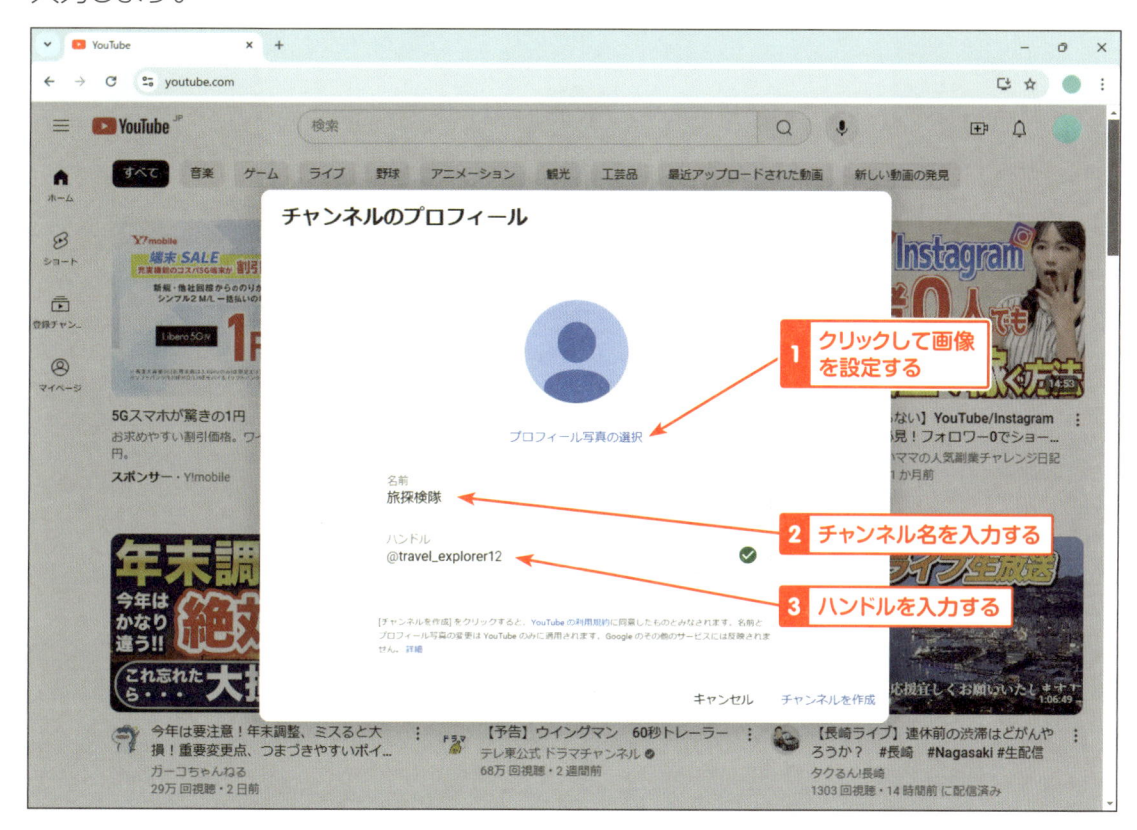

❶ プロフィール写真

「プロフィール写真の選択」をクリックすると画像選択画面が表示され、YouTubeが提供している画像から選ぶか、「パソコン内」タブをクリックして自分の写真をアップロードすることができます。選んだ画像は、チャンネルのアイコンとして視聴者に表示され、チャンネルを視覚的に認識する重要な要素となります。

❷ 名前

チャンネルの名前を入力します。これは視聴者に表示されるチャンネル名です。たとえば、「旅探検隊」など、自身の動画のテーマに合った名前を選びましょう。

❸ ハンドル

ハンドルは、YouTubeでチャンネルを識別するための一意のIDです。視聴者が検索したり、チャンネルをタグ付けしたりできるようにします。ハンドルは英数字のみ使用可能で、日本語は使用できません。たとえば、「@travel_explorer12」のように英語の単語と数字を組み合わせて作成します。

全ての項目の設定が完了したら、「チャンネルを作成」をクリックします。

チャンネルをカスタマイズしてみよう

　チャンネルを作成したら、次は視聴者にとって魅力的なチャンネルにカスタマイズしましょう。カスタマイズは、視聴者にチャンネルを印象づける重要なステップです。チャンネルアート、チャンネル説明、リンクなどを設定して、自身の動画のテーマや個性を表現します。

① チャンネルをカスタマイズ

　チャンネル作成後、表示される画面に「チャンネルをカスタマイズ」というボタンがあります。このボタンをクリックすると、カスタマイズ画面に移動します。ここで、チャンネルのデザインや設定を行うことができます。

② バナー画像（チャンネルアート）を設定する

　バナー画像（YouTubeでは「チャンネルアート」とも呼ばれます）は、チャンネルページの上部に大きく表示される画像です。チャンネルのテーマや雰囲気を視聴者に視覚的に伝えることができます。「アップロード」ボタンをクリックすると、ファイル選択ウィンドウが表示されます。ここから自分のパソコンに保存されている画像をクリックして選択し、「開く」ボタンをクリックします。

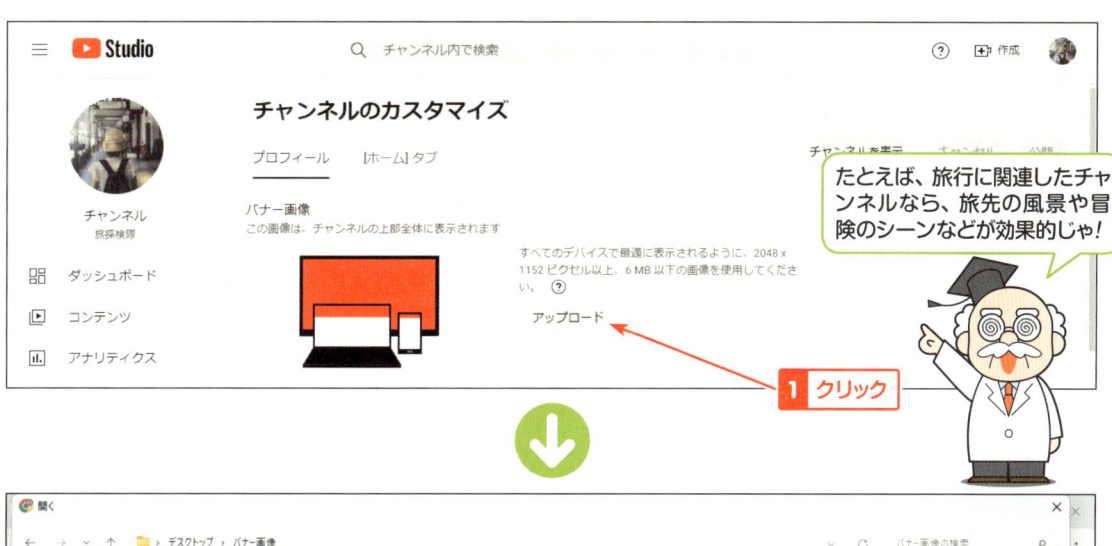

たとえば、旅行に関連したチャンネルなら、旅先の風景や冒険のシーンなどが効果的じゃ！

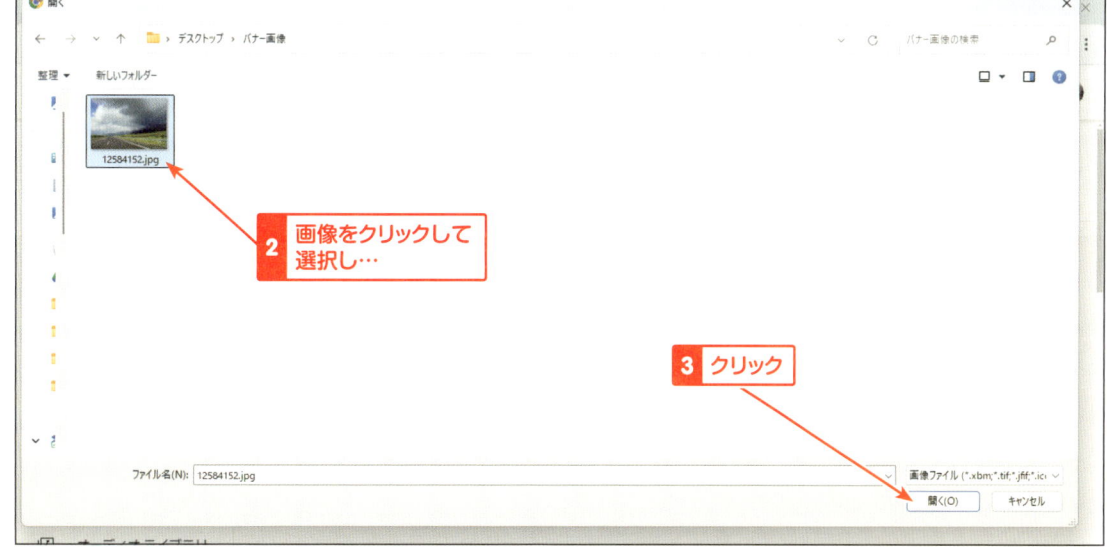

💡 **HINT**

　推奨される画像サイズは2560×1440ピクセルですが、アップロード後に、画像の表示範囲や位置を手動で調整できるため、必ずしもこのサイズで用意する必要はありません。

③ バナーアートのカスタマイズ

　画像をアップロードした後、表示範囲の調整画面（バナーアートのカスタマイズ）が表示されます。この画面では、アップロードした画像をデバイスごとの表示に合わせて調整できます。調整が終わったら、画面右下にある「完了」ボタンをクリックして、バナー画像の設定を確定します。

第6章　動画をエクスポートして共有しよう

❶ テレビで表示可能

　主にテレビや大画面でYouTubeを視聴する際に表示される部分です。大きな画面での表示を想定して、細かいデザインや文字がクリアに見えるように調整しましょう。

❷ パソコンで表示可能

　デスクトップパソコンやノートパソコンでYouTubeを視聴する際に表示される部分です。この範囲は、視聴者が最も多く使用するデバイスでの表示になるため、重要な情報をここに含めることが推奨されます。

❸ すべてのデバイスで表示可能

　スマートフォンやタブレット、パソコンなど、すべてのデバイスで表示される共通の部分です。最も重要な要素（ロゴ、キャッチフレーズなど）はこの範囲に収めることをお勧めします。

HINT

画像の角の四角をドラッグすることで、画像のサイズを自由に変更できます。画像が表示される範囲が、自分の意図に合っているか確認しながらサイズを調整しましょう。

設定後はこんな感じじゃ

④ チャンネルの説明を追加

次に、「説明」を追加します。ここでは、自身のチャンネルでどのようなコンテンツを提供するのかを視聴者に伝える重要なメッセージを記載します。視聴者がチャンネルに興味を持ち、フォローしたいと思えるような内容にしましょう。

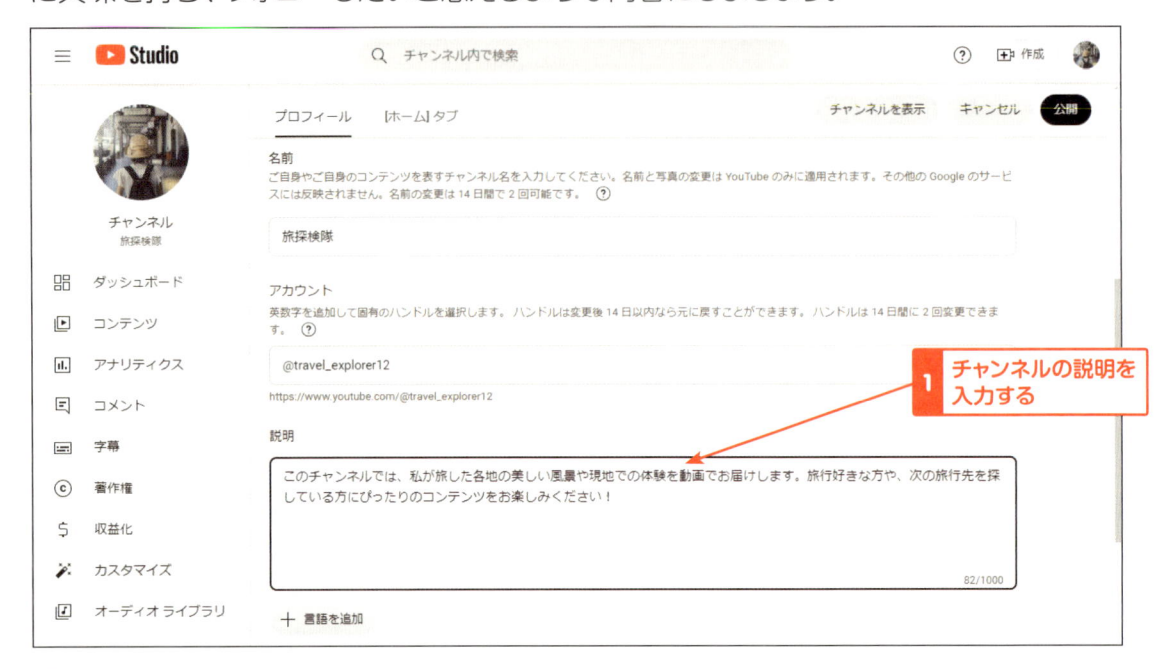

チャンネルを公開してみよう

チャンネルのカスタマイズが完了したら、チャンネルを公開しましょう。これで、視聴者がチャンネルにアクセスできるようになります。公開するには、画面右上にある「公開」ボタンをクリックします。「公開」ボタンをクリックすることで、これまで設定してきたチャンネルプロフィールやバナー画像などが反映され、チャンネルが公開されます。これで、視聴者がチャンネルを見たり、動画をアップロードして公開できる準備が整います。

チャンネルが公開された

これで世界中の人に見てもらえるチャンネルができるよ！ドキドキするね。

ふむふむ、公開することでようやくチャンネルが始動じゃな！これから動画をアップして、どんどん視聴者を増やしていこう！

Filmoraから直接YouTubeにアップロードしてみよう

　Filmoraでは、編集後に直接YouTubeにアップロードできる便利な機能が搭載されています。次の手順に従って、編集した動画を簡単にYouTubeへアップロードしましょう。

① エクスポート画面から「ソーシャルメディア」を選択

　動画の編集が完了したら、「エクスポート」ボタンをクリックします。エクスポート画面が表示され、さまざまな出力オプションが選べます。エクスポート画面の上部にある「ソーシャルメディア」をクリックします。

YouTubeを開かずにアップロードできるのは便利だね

②YouTubeへログイン

　ここでは、「YouTube」、「Vimeo」、「TikTok」の3つのソーシャルメディアが選択可能です。今回は「YouTube」をクリックして選択します。「YouTube」を選択したら、ログイン画面が表示されます。「ログイン」ボタンをクリックして、YouTubeアカウントへのアクセスを許可する準備をします。ここから、YouTubeアカウントへのログイン手順が開始されます。

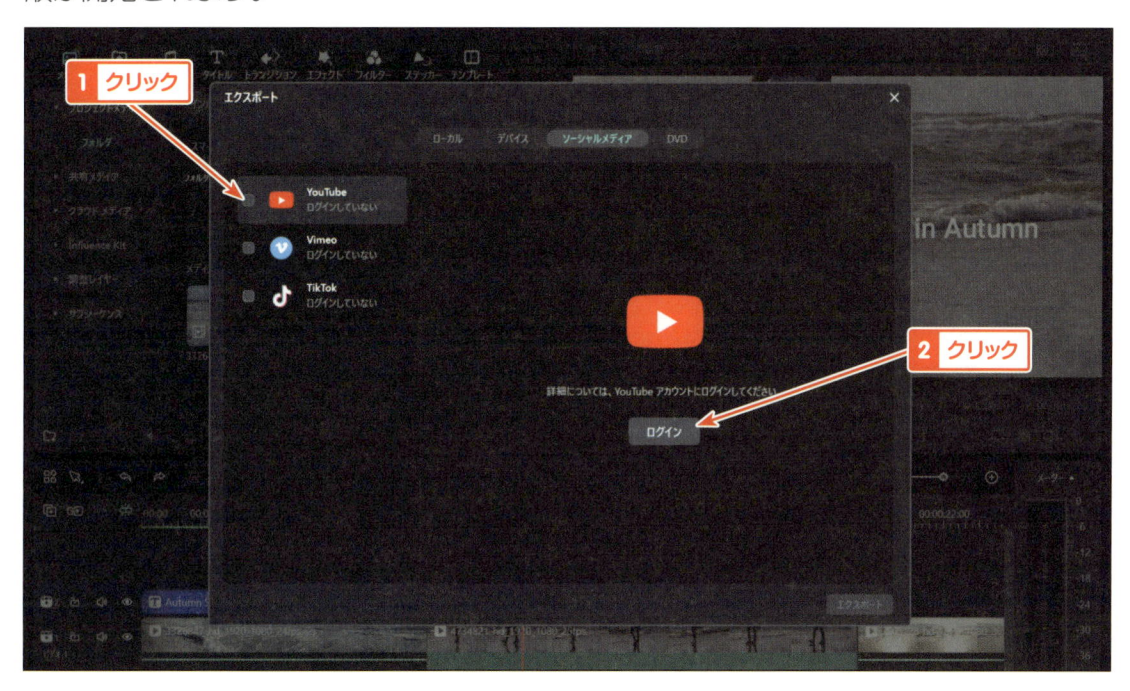

③Googleアカウントの選択

　ログイン画面で、YouTubeでログインをしているGoogleアカウントを選択します。リストに表示されているアカウントをクリックするか、「別のアカウントを使用」オプションから他のアカウントを入力します。

④Wondershare Filmoraへのアクセス許可を確認

選択したアカウントにFilmoraがアクセスするための許可画面が表示されます。Filmoraが要求するアクセス権限の内容を確認し、「次へ」ボタンをクリックします。

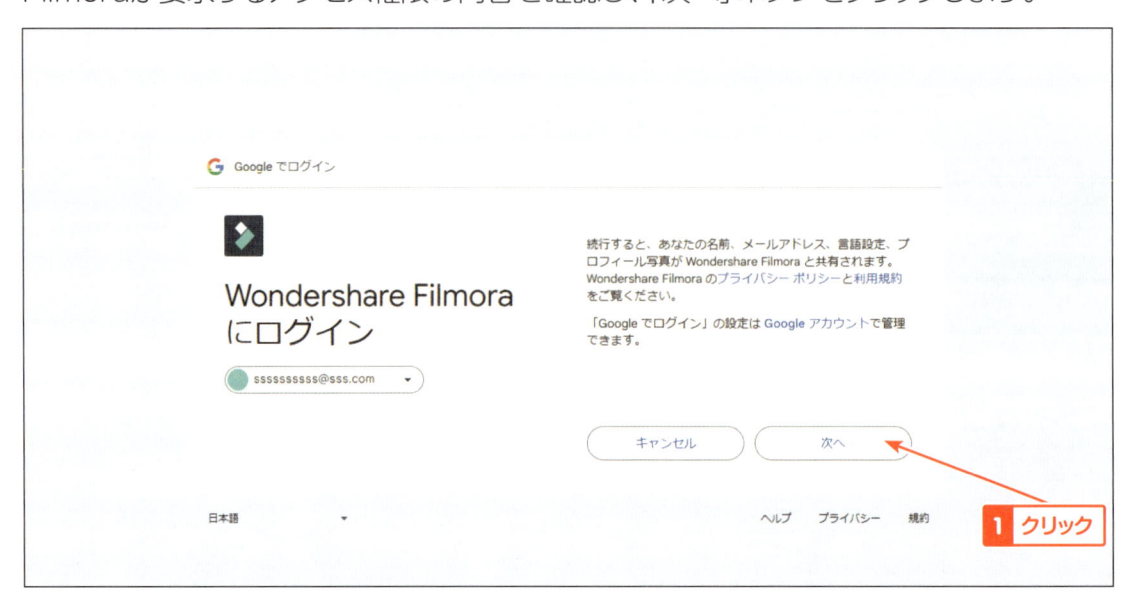

⑤Filmoraのアクセスを承認

続けて、FilmoraがGoogleアカウント情報にアクセスする最終的な確認画面が表示されます。許可する場合は「続行」ボタンをクリックして、Filmoraに必要な権限を与えます。

第6章 動画をエクスポートして共有しよう

⑥ アクセス権限の選択、ログイン完了

　新しいタブが開き、「ソフトウェア インターフェイスでこのプロセスを続行します。」と表示されます。この画面からさらに進むことはできません。ブラウザを閉じ、Filmoraの画面に戻ります。

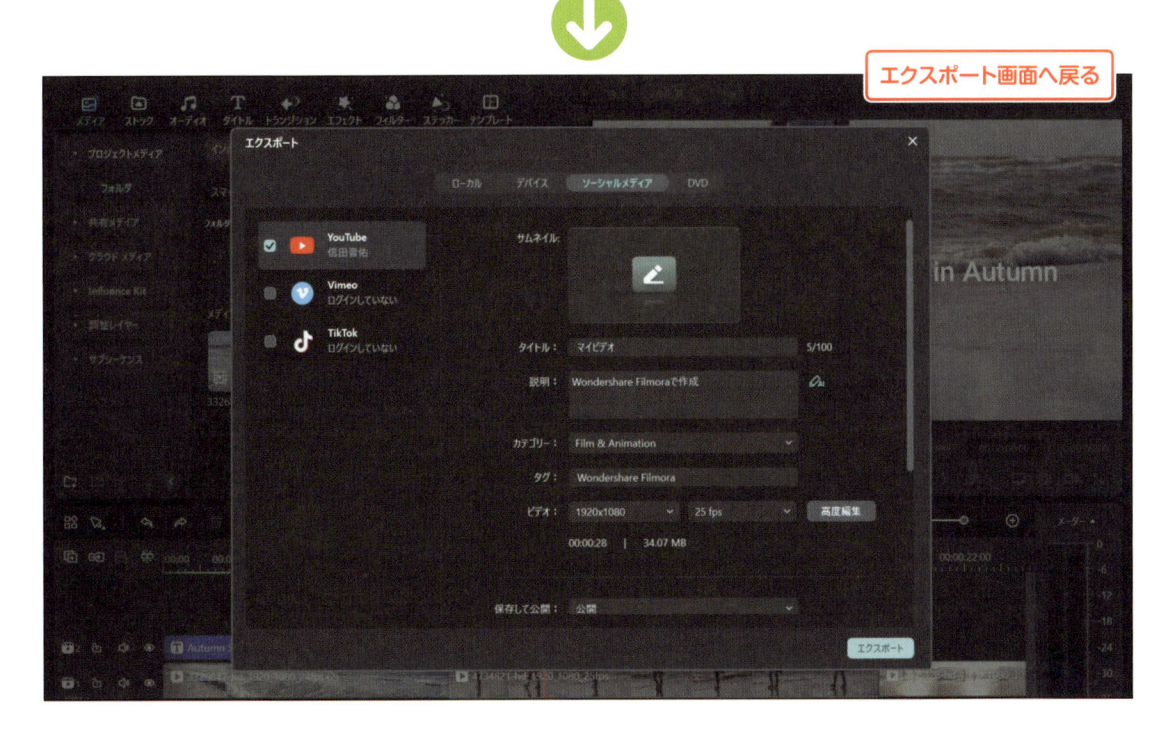

⑦ 動画のタイトルや説明を入力する

YouTubeにアップロードする際、タイトルや説明を入力するフィールドが表示されます。動画の内容に適したタイトルを入力し、視聴者に伝えたい説明を記載しましょう。

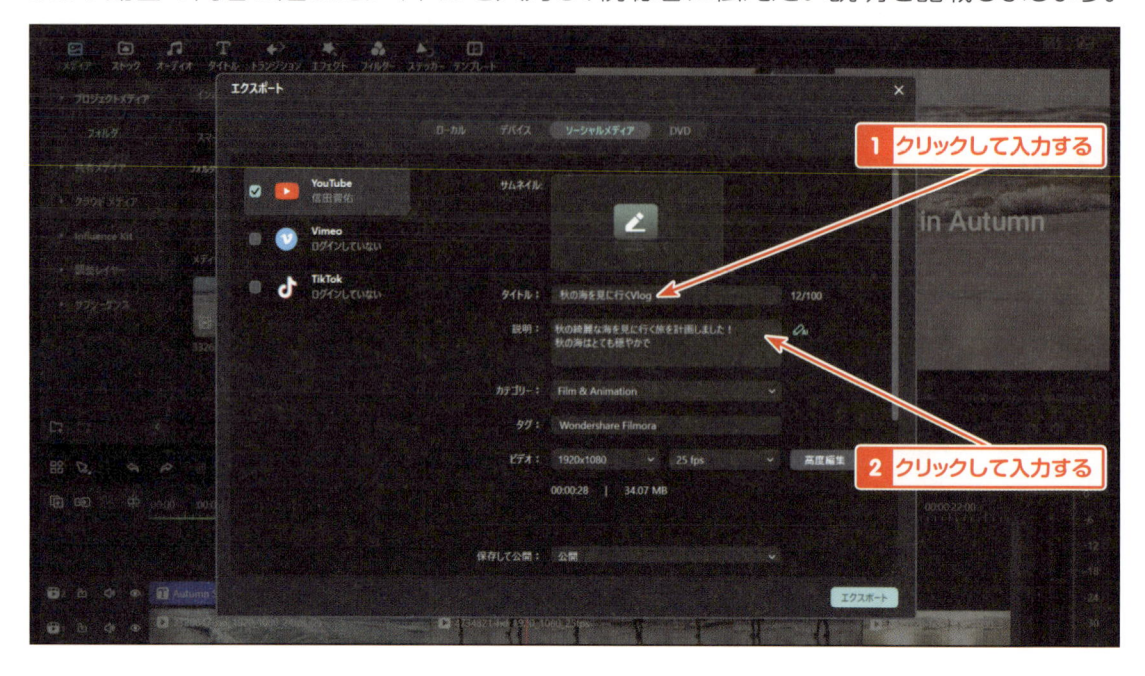

⑧ カテゴリーを選択する

YouTubeに動画をアップロードする際には、カテゴリーを設定します。カテゴリーの選択は、動画の視聴者が何を求めているかを考え、目的に合ったものを選ぶことが重要です。「カテゴリー」ドロップダウンメニューをクリックし、動画に最も適したカテゴリーを選びましょう。たとえば、旅行の動画なら「Travel & Events」など、各カテゴリーの中から最適なものを選びましょう。カテゴリーの種類は次の表にまとめました。

カテゴリー	説明
Film & Animation	映画やアニメーション関連の動画。短編映画やアニメ作品を紹介
Autos & Vehicles	自動車やバイクなど、乗り物に関するレビューや解説
Music	音楽のMVやライブ映像、カバー動画などを含む
Pets & Animals	ペットや動物に関するかわいい動画や教育的コンテンツ
Sports	スポーツのハイライトや試合の分析、トレーニング動画
Short Movies	短編映画や独自の映像作品のシェアに適したカテゴリー
Travel & Events	旅行やイベントに関する映像。観光地の紹介や旅行Vlogなど
Gaming	ゲームの実況やレビュー、プレイ動画
Videoblogging	日常生活をシェアするVlog形式の動画
People & Blogs	個人的な意見や経験を語るブログ形式の動画
Comedy	コメディ動画やパロディ映像を提供
Entertainment	エンタメ関連、映画や音楽など幅広いジャンルの動画
News & Politics	最新のニュースや政治に関する動画
Howto & Style	ハウツーやスタイルガイドを提供する教育的な動画
Education	教育目的のコンテンツ、講座や学習用ビデオを含む
Science & Technology	科学技術に関する情報を提供。新技術のレビューなど
Nonprofits & Activism	NPO活動や社会的活動に関する動画
Movies	映画予告や紹介、映画レビューなどの動画
Anime/Animation	アニメーションや日本のアニメ作品を含む
Action/Adventure	アクションや冒険に関する動画、映画やゲームなど
Documentary	ドキュメンタリー映像を提供するカテゴリー
Drama	ドラマ作品の紹介や舞台裏を含むコンテンツ
Family	家族向けの教育やエンタメ動画
Foreign	海外の映像作品を紹介するカテゴリー
Horror	ホラー映画や怖い動画、ゲーム実況など
Sci-Fi/Fantasy	SFやファンタジー作品の紹介、映画やゲーム
Thriller	スリラー系の映画やゲームを紹介
Shorts	短い動画やYouTubeショート向けコンテンツ
Shows	テレビ番組やネット番組を紹介するカテゴリー
Trailers	映画やゲームなどのトレーラー映像

⑨ タグを設定する

　タグは、動画の内容を視聴者に伝え、検索エンジンでの表示を最適化するための重要な要素です。適切なタグを設定することで、視聴者が動画を検索で見つけやすくなります。「タグ」の入力欄に、動画の内容に関連するキーワードを追加します。たとえば、旅行に関する動画なら、「旅行,観光」「Vlog」など、視聴者が検索しそうなキーワードをいくつか入れてみましょう。タグはカンマ区切りで複数入力することができます。関連するテーマやトピックを幅広くカバーすることで、動画の露出を増やすことが可能です。

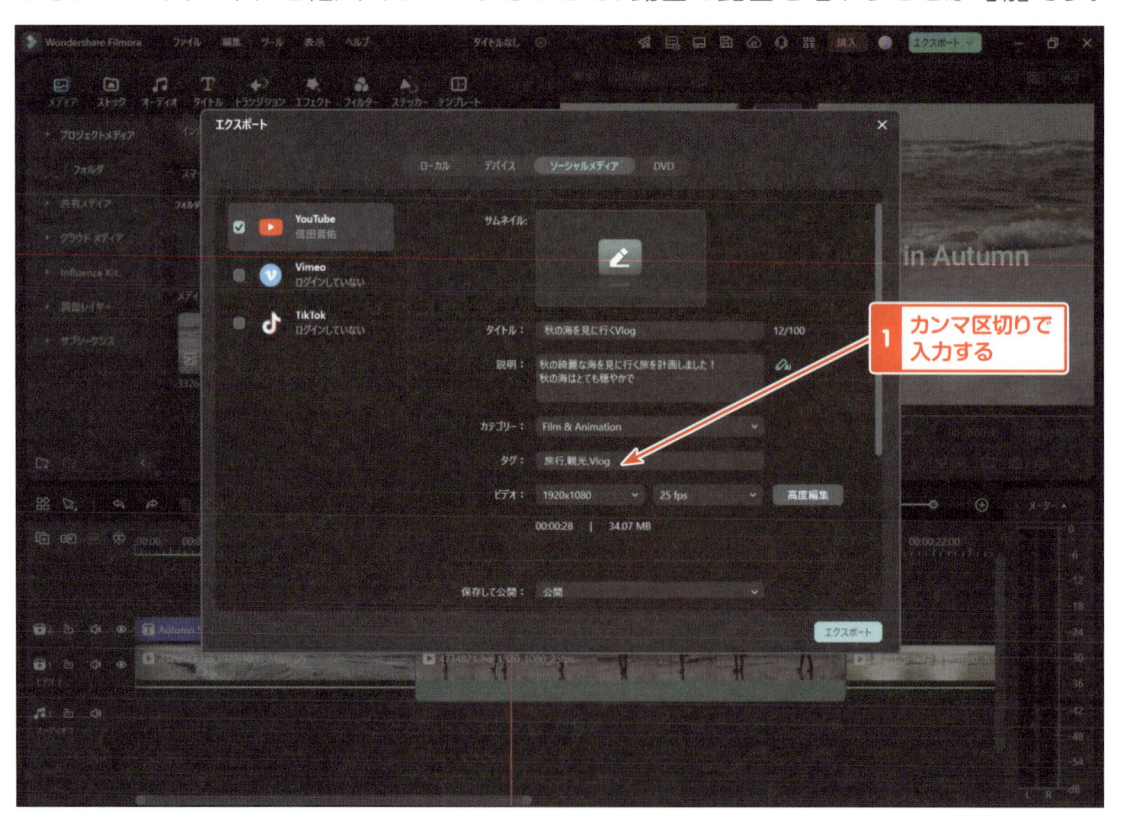

⑩ 公開範囲を設定し、エクスポートする

　次は動画の公開範囲です。「公開」、「限定公開」、「非公開」の中からクリックして選択します。一般公開したい場合は「公開」を選びましょう。公開範囲の設定が完了したら、「エクスポート」ボタンをクリックして動画を書き出します。

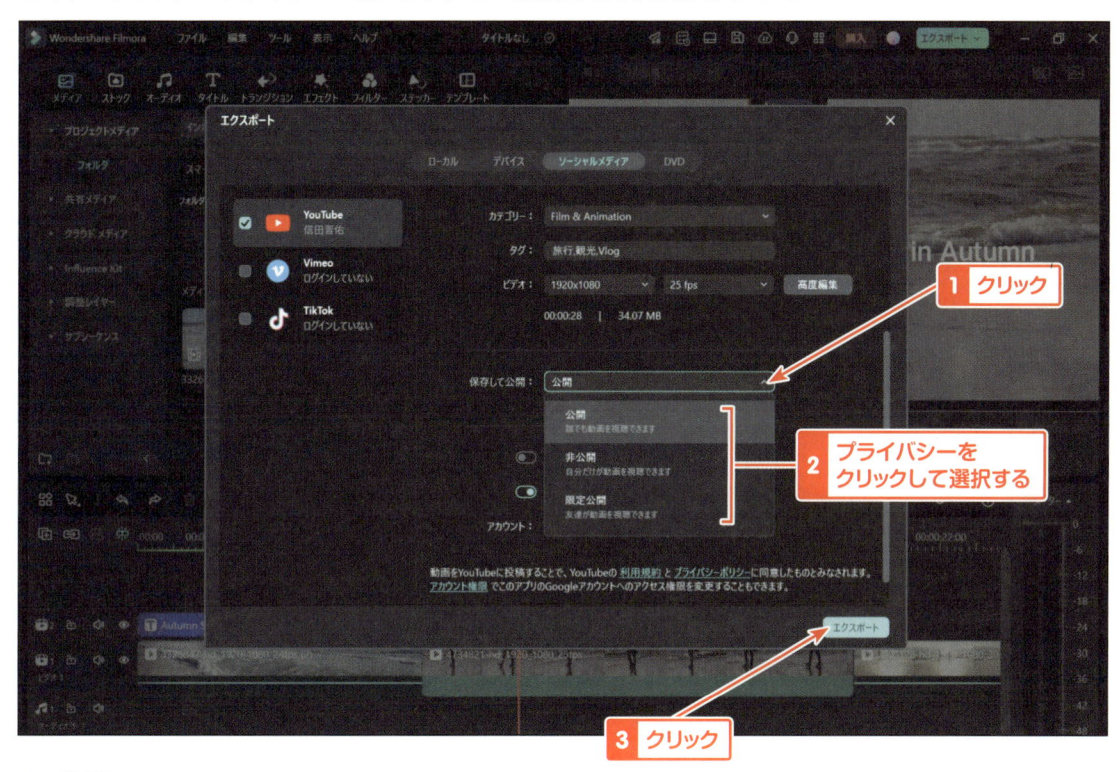

◆ 公開
　動画がYouTube上で誰でも視聴できる状態です。検索結果に表示され、誰でもアクセスが可能です。

◆ 限定公開
　動画のリンクを知っている人のみが視聴できる状態です。検索結果には表示されないですが、リンクを共有すれば誰でも視聴可能となります。

◆ 非公開
　動画は自分だけが視聴できる状態です。リンクを共有しても他の人は視聴できません。

特定の人に見せたい場合は限定公開にするなど、使い分けるのじゃ

⑪ エクスポート完了

　エクスポートが完了すると、「アップロード完了」の画面が表示され、アップロードの結果を確認するためのオプションが提供されます。「アップロード完了」の横にあるチェックアイコンをクリックすると「正常にアップロードされました」と表記されます。「もっと見る」をクリックすると、アップロードされたYouTube動画のページが自動的にブラウザで開きます。この機能により、アップロード直後に公開ページをすぐに確認できるため、動画の共有リンクを取得したり、視聴回数の確認がスムーズに行えます。

アップロードされた動画の
配信ページがブラウザで開く

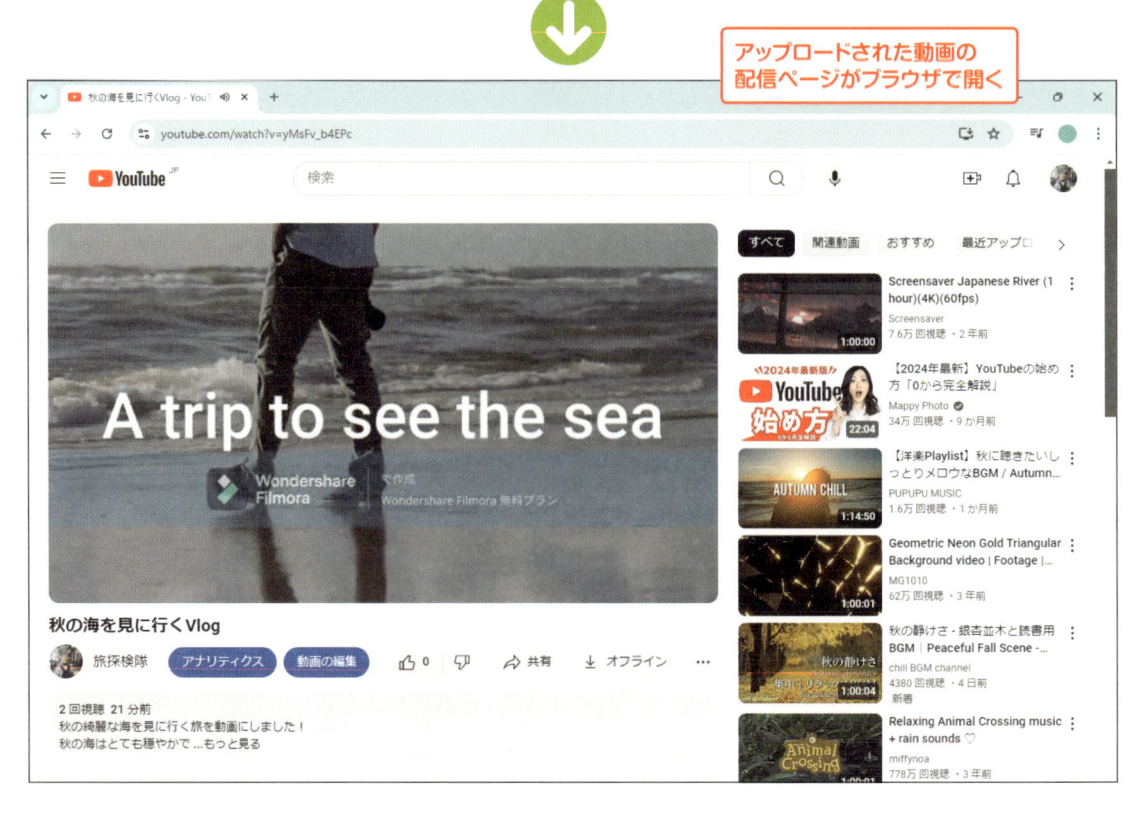

YouTube Studioを使って動画をアップロードしてみよう

次にYouTube Studioを使ってアップロードする方法に挑戦してみましょう。YouTube Studioを使うと、動画の公開後でも詳細の編集や管理が可能になります。

◆YouTube Studioとは?

YouTube Studioは、自身のYouTubeチャンネルを管理するためのツールです。動画のアップロード、サムネイルの編集、再生数やコメントの管理、視聴者からのフィードバックの確認など、すべてを一か所で行えます。動画の細かな設定や公開後のパフォーマンスを確認するのに欠かせない場所なので、一緒に使い方を学びましょう。

① YouTube Studioにアクセス

YouTubeのホーム画面から、右上のプロフィールアイコンをクリックしてメニューを開き、「YouTube Studio」をクリックします。すると、「チャンネルのダッシュボード」が表示されます。このページは、チャンネル運営の管理拠点となる場所です。

② アップロードを開始する

画面の中央にある「動画をアップロード」ボタンをクリックして、動画のアップロードを始めます。初めて動画をアップロードする際には、このボタンが最も使いやすい入り口になります。「ファイルを選択」ボタンをクリックすると、パソコン内のフォルダが開きます。

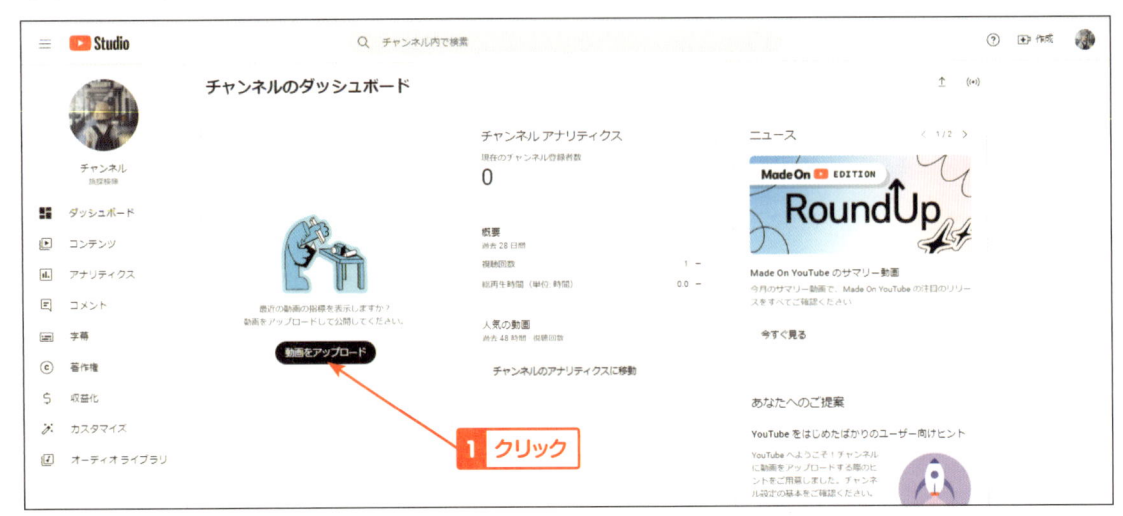

 HINT

他にも画面右側の ⬆ (動画をアップロード)、⊞作成 ボタンから動画をアップロードすることができます。

③ アップロードする動画を選ぶ

アップロードしたい動画ファイルをクリックして選択し、「開く」ボタンをクリックします。

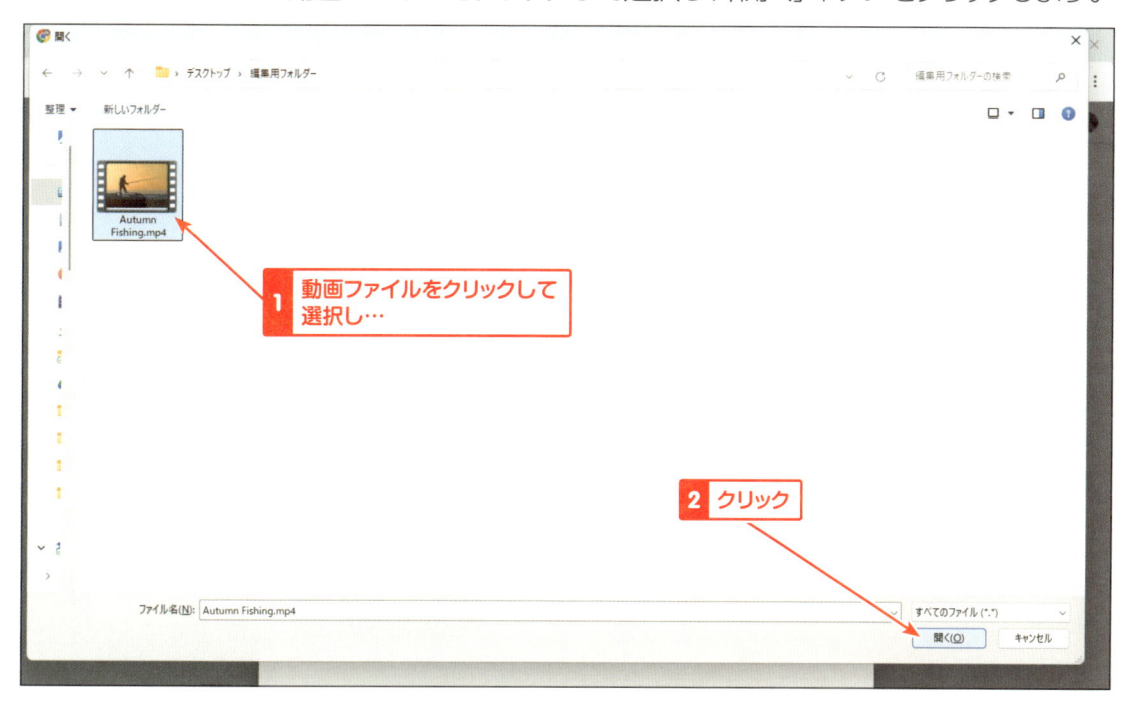

④ 動画の基本情報を入力する

動画ファイルを選択すると、アップロードが開始され、次に動画の詳細を入力する画面が表示されます。ここでは、次の情報を入力していきます。

◆ タイトル

動画の内容を端的に表すタイトルを入力します（100文字以内）。視聴者の興味を引くタイトルを心がけましょう。

◆ 説明

動画の内容や補足情報を説明文に記載します。動画内で紹介したリンクをここに貼ることも可能です。

⑤ 視聴者向け設定

次に、動画の視聴者向け設定を行います。ラジオボタンをクリックし選択後、「すべて表示」ボタンをクリックして設定項目を表示します。

◆ 視聴者

これは、動画が子ども向けかどうかを判断する重要なステップです。この設定は、YouTubeの利用規約やCOPPA（児童オンラインプライバシー保護法）に準拠するため、必ず行う必要があります。

- **はい、子ども向けです**
  この動画が子どもを対象とした内容の場合に選択します。

- **いいえ、子ども向けではありません**
  一般的な視聴者向けの動画に使用します（子ども向けチャンネルではない場合、通常の動画はこのオプションを選択することが多いです）。

⑥ すべての詳細設定を設定する

　「すべて表示」をクリックすると、次のような追加設定項目が表示されます。これらの設定を活用して、動画の視聴体験や公開方法をさらにカスタマイズしましょう。

◆ 有料プロモーション

　動画の中で、商品やサービスを紹介してお金をもらった場合や、企業からの協力を受けて撮影した場合には、この設定が必要です。これをスポンサー広告や協力企業の宣伝と考えるとわかりやすいでしょう。自分で撮影したオリジナルの動画で、企業や商品の宣伝を含まない場合は、このチェックを入れなくても問題ありません。

◆ 改変されたコンテンツ

　アップロードする動画に使われている素材が、他の人のコンテンツを編集・加工したものかどうかを確認します。次の表で「はい」と「いいえ」の選択肢を整理しました。

選択肢	どんな場合に選ぶ?	具体例
はい	他の人が作った素材（映像、音楽、画像など）を編集・加工して使用している場合	YouTube内の他の動画の一部を切り取って使用した、映画やニュースの一部を使った、他のクリエイターが作った音楽を利用した（クレジットが必要な場合も含む）等
いいえ	著作権フリー素材や完全オリジナルの素材のみを使用している場合	著作権フリーの音楽、動画、画像を使用し、ライセンスの条件を守っている、自分で撮影・録音した映像や音楽を使った、フリー素材サイトからダウンロードした画像・映像を利用し、規定のクレジットを記載済み、著作権フリーの動画・画像・音楽を使用し、ルールに従っている場合（クレジットが必要な場合も対応済み）等

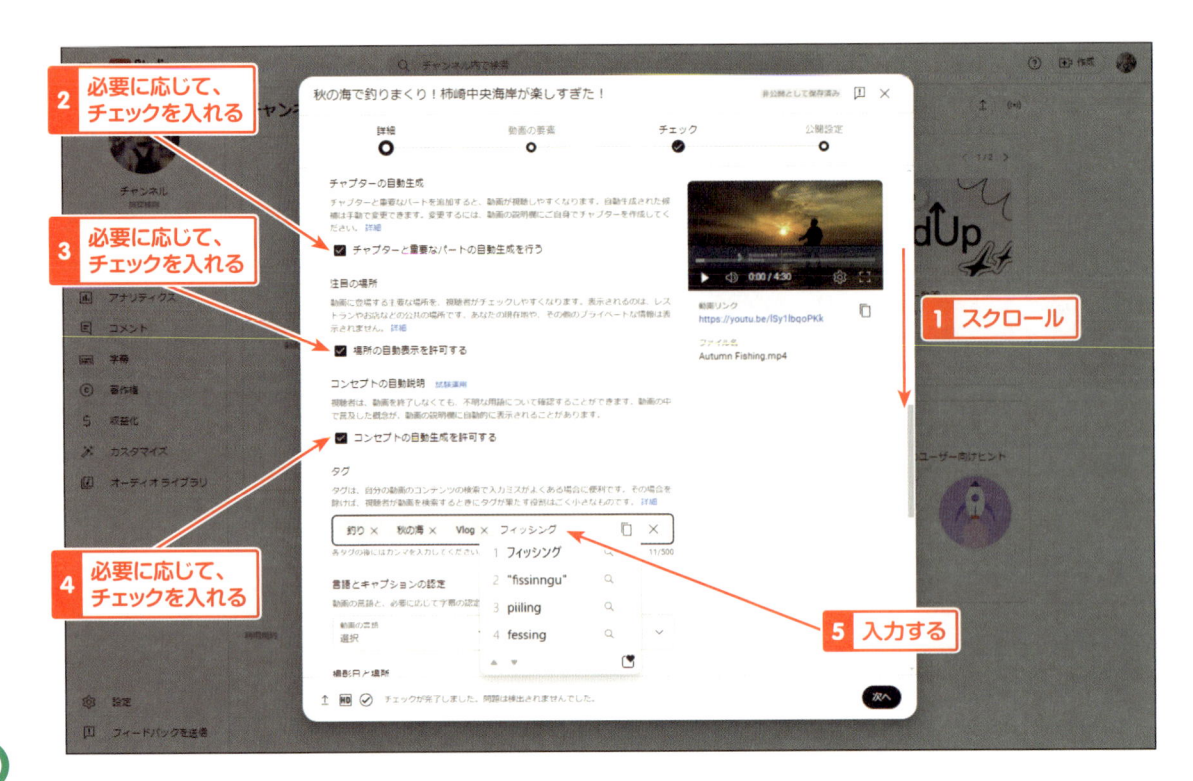

◆ チャプターの自動生成

　「チャプターと重要なパートの自動生成を行う」にチェックを入れることで、YouTube が自動で動画の章立てをしてくれます。この機能をオンにすることで、視聴者が見たいシーンに簡単に移動できるようになります。もし、動画の内容がシンプルでチャプターが不要な場合は、チェックを外しておいても問題ありません。

◆ 注目の場所

　レストランや公共の場所など、個人情報を含む場所が映り込む可能性がある場合、「場所の自動表示を許可する」にチェックを入れておくと、自動で場所を検出して非表示にしてくれます。プライバシーを気にする場合に便利な機能です。

◆ コンセプトの自動説明

　「コンセプトの自動生成を許可する」にチェックを入れると、動画の説明文を自動生成してくれます。説明文を書く時間がないときに使える機能ですが、内容が自分の意図と異なる場合もあるので、必要に応じて編集してください。

◆ タグ

　「タグを追加」の欄に、動画に関連するキーワードを入力しましょう。たとえば、釣りの動画なら「釣り」、「秋の海」、「Vlog」などを入力します。タグは、視聴者が動画を見つけやすくするための重要な要素です。入力は必須ではありませんが、検索結果に影響するので積極的に活用しましょう。

◆ 言語とキャプションの設定

動画の言語を選択することで、視聴者が動画の内容を理解しやすくなります。日本語で作成した動画の場合は「日本語」を選んでください。もし多言語の視聴者を意識する必要がなければ、基本的にはメインの言語のみを設定すれば問題ありません。この設定は、検索結果に影響する可能性があるため、正確な言語を選ぶことをおすすめします。

◆ 撮影日と場所

撮影日と場所の設定は、視聴者が動画の背景情報を理解するのに役立ちます。具体的な撮影日や撮影場所を設定することで、動画をより見つけやすくすることができます。

- 撮影日

撮影した日付を選択します。日付の指定が特に必要ない場合は「なし」のままでも問題ありません。

- 動画の撮影場所

動画の撮影地を入力します。たとえば「湘南海岸」や「東京タワー」などの具体的な場所を書くと、検索結果での見つかりやすさが向上します。ただし、場所が特定されることを避けたい場合は、入力を省略しても問題ありません。

◆ ライセンス

デフォルトでは「標準のYouTubeライセンス」に設定されています。このままで問題ない場合は特に変更する必要はありませんが、他の配信方法を使いたい場合はここで変更できます。また、動画の埋め込み許可の設定もこの項目で行います。

◆ ショート リミックス

　他のユーザーがこの動画を使ってショート動画を作れるようにする場合、「動画と音声のリミックスを許可」にチェックを、音声のみ許可をする場合は「音声のリミックスのみを許可」にチェックを入れます。どちらも許可したくない場合は、「リミックスを許可しない」を選びましょう。

◆ カテゴリ

　動画のジャンルに合ったカテゴリを選びましょう。カテゴリを設定することで、視聴者が動画を見つけやすくなります。「Filmoraから直接YouTubeにアップロードしてみよう」の際に選択したカテゴリと同じです。　☞P108

◆ コメントと評価

　コメントを受け付ける場合は「オン」にチェックを入れます。また、「この動画を評価した視聴者の数を表示する」にチェックを入れると、視聴者の評価が公開されます。コメントを管理する必要がある場合は、「コメントの管理・標準」オプションを使ってコメントの承認を求めることもできます。

　以上で詳細設定終了です。「次へ」ボタンをクリックして進みます。

⑦動画の要素を設定

このセクションでは、視聴者に関連コンテンツを案内するためのオプションがいくつか表示されます。本書では、簡単な説明のみで詳細な設定や作成方法には触れませんが、必要に応じて簡単に設定することができます。これらの設定は必須ではありません。後からでも編集画面で追加できるため、最初の段階では「次へ」ボタンをクリックして先に進みます。

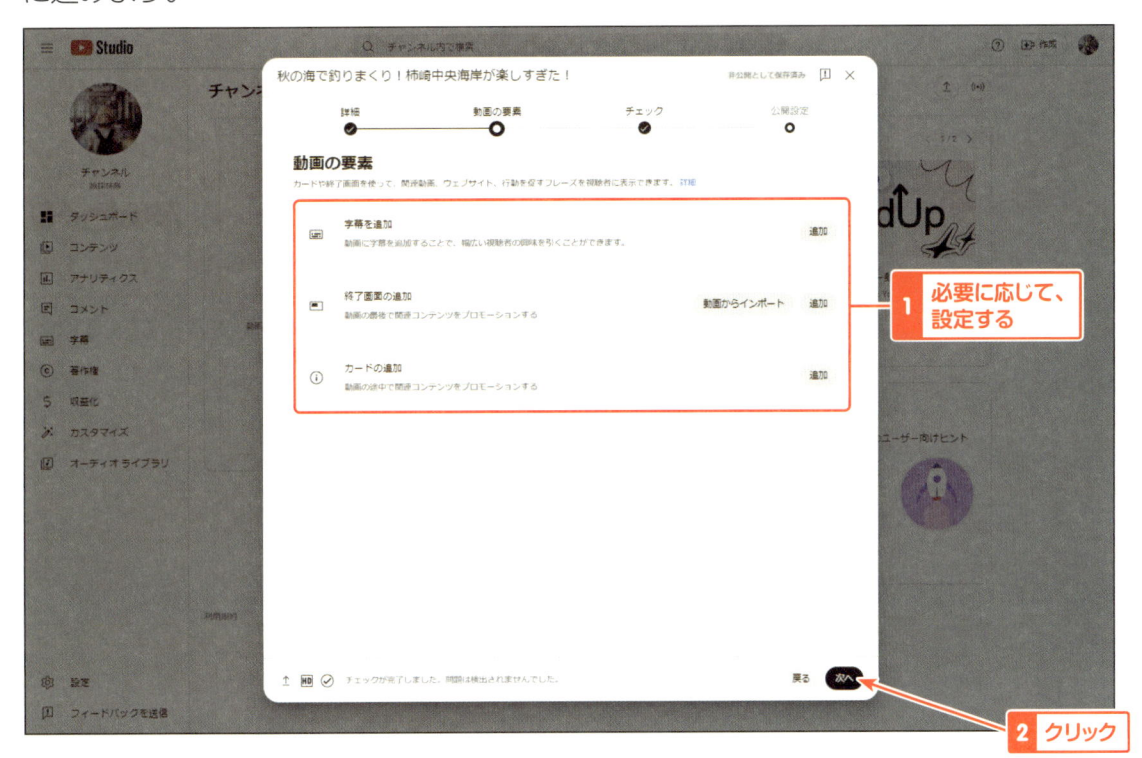

◆ 字幕の追加

字幕を追加すると、幅広い視聴者に動画を楽しんでもらうことができます。字幕の設定は少し手間がかかるため、慣れてから挑戦するのもよいでしょう。

◆ 終了画面の追加

動画の最後に他の関連動画やチャンネルへのリンクを表示することができます。「動画からインポート」をクリックすると、他の動画の終了画面をそのまま使うことができます。

◆ カードの追加

カードは、動画の途中で他の動画やチャンネルを紹介するためのリンクを挿入する機能です。

⑧ チェックを進める

このセクションでは、YouTubeが自動で動画の内容をチェックし、問題がないか確認します。この作業は動画の公開前に行われるため、安心して次に進めることができます。

◆ 著作権

上記の画面には「問題は検出されませんでした」と表示されています。これは、YouTubeのシステムが著作権やガイドライン違反の可能性をチェックした結果、特に問題がないことを示しています。問題が検出されなかった場合は、そのまま「次へ」ボタンをクリックして進めましょう。もし問題が見つかった場合は、その詳細が表示され、必要な対応について案内が表示されます。その場合、案内に従って修正を行いましょう。

著作権やガイドライン違反は
のちのトラブル回避のために
も作成中も意識するのじゃ

⑨ 公開設定

ここでは、動画の公開範囲を設定します。動画をどの範囲で公開するかによって、視聴者の見え方が変わります。選択肢から最適な公開設定を選びます。今回は、公開設定を「公開」にして、動画をアップします。選択が完了したら、「公開」ボタンをクリックします。

⑩ 動画の公開日時と共有方法を確認

最後に、動画の公開が完了した画面が表示されます。この画面では、動画の公開日時の確認と、簡単に共有するためのリンクが表示されます。

これで、YouTubeへの動画のアップロードと公開が無事完了しました！ 動画をどんどんシェアして、多くの人に見てもらいましょう。

友達やフォロワーにシェアして、もっと多くの人に見てもらおう！

共有リンクをコピーするのを忘れないように！ メールでもSNSでも、シェアすればするほど視聴回数が伸びるぞ。これで、YouTubeの世界への第一歩は完了じゃ！

ONE POINT

🟩 著作権フリー素材を使っている場合

著作権フリーの音楽、動画、画像などを使用する場合、多くの場合「いいえ」を選んで問題ありません。ただし、次の点に注意してください。

- ライセンス条件を確認し、必要があれば動画の説明欄にクレジットを記載する
- 商用利用の可否も確認し、条件に従って使用する
- 著作権フリーであっても、規約違反がないか慎重に確認する

このように、正確に選択することで、後からのトラブルを未然に防ぎ、安心して動画を公開できます。初心者の方も、自分の動画に使われている素材を整理してから設定を進めましょう。

第7章

編集を加速させる
AI機能と高度な編集
機能を活用しよう

17 主なAI機能と高度な編集機能

Filmoraには、編集者にとって便利なAI機能と高度な編集機能が数多く搭載されています。これらのツールは、動画編集をより簡単かつ効率的にすることを目指して設計されており、初心者からプロまで幅広く活用できます。

AI機能と高度な編集機能一覧

AI機能の中にはクレジットを消費せずに使用できるものもありますが、いくつかの高度なAI機能はクレジットを消費します。Filmoraでは、初回インストール時に100クレジットが付与され、まずはこれを使ってAI機能を試すことができます。追加クレジットは、有料で購入する必要がありますが、その際に選べるさまざまな購入プランがありますので、用途に応じて最適なプランを選びましょう。

カテゴリー	機能名	機能概要	クレジット消費の有無
AI機能	スマートショートクリップ	長い動画を自動的に分析し、見どころや重要な瞬間だけを抽出して短いクリップにする機能	あり
	AI動画補正	AI技術を用いて動画の色合いや明るさ、コントラストを自動的に最適化する機能。映像の品質を向上させ、より鮮やかでバランスの取れた映像を簡単に作成できる	あり
	AI動画ノイズ除去	AI技術を利用して動画に含まれる不必要なノイズを自動的に除去する機能。低光量で撮影された動画や古い映像素材のノイズを減らし、クリアで見やすい映像に改善する	なし
	AIオブジェクトリムーバー	映像内の不要なオブジェクトや人物をAIが自動で検出し、自然な背景で消去する機能。これにより、撮影時に意図せず入り込んだ不要なものを後から簡単に取り除くことができ、映像の品質が向上する	あり
	AIポートレート	動画内の人物を自動的に認識し、背景を簡単に削除したりぼかしたりすることができる機能	なし
	AIスマートカットアウト	動画内のオブジェクトを背景から素早く切り抜く機能。複雑な背景や動く被写体でも、AIが自動的に検出し、簡単に正確な切り抜きができる	なし

カテゴリー	機能名	機能概要	クレジット消費の有無
AI機能	AIフェイスモザイク	動画全体の顔を自動的に識別し、追跡する。面倒な手動編集の必要がなく、被写体が動いても正確なモザイクをかけられる	なし
	AIカラーパレット	AIで画像や動画から色を抽出し、パレットを作成することで、作品全体を統一感のある仕上がりにすることができまる	なし
	AIサムネイルエディター	動画や画像のコンテンツを分析し、コンテンツに合わせた独自で魅力的なサムネイルを自動的に提案してくれる	なし
	AI動画生成	入力されたテキストやプロンプトを基に、AIが自動的に動画を生成する機能。簡単な指示を与えるだけで、映像やシーンが作成され、イメージを素早く形にできる	あり
	AI画像生成	プロンプトやキーワードに基づきAIが静止画を自動的に作成する機能。視覚的なアイデアを素早く形にすることができ、編集やプレゼン資料に使用する画像素材としても活用できる	あり
	自動字幕起こし	動画の音声をAIがリアルタイムでテキスト化し、自動的に字幕として追加する機能	なし
	AIサウンドエフェクト	動画内の特定の音や効果音をAIが自動で生成・適用する機能	あり
	AI音楽ジェネレーター	選択した音楽スタイルと動画を分析し、どんな種類の動画にも最も適したBGMを作成する	あり
高度な編集機能	平面トラッキング	動画内の特定の平面 (壁や床など) にテキスト、画像、エフェクトなどを貼り付けて追従させる機能	なし
	モーショントラッキング	動画内の動きをAIがトラッキングし、オブジェクトやテキストをその動きに追随させる	なし
	マルチカメラ編集	複数のカメラアングルから撮影した映像をタイムライン上で同期し、シームレスに切り替えながら編集できる機能	なし
	画面録画	画面全体や特定のアプリケーションの動きをキャプチャし、動画として保存できる機能	なし
	スピードランプ	動画の速度を自由に調整し、スローやファストモーションでダイナミックな効果を追加できる	なし

FilmoraのAI機能と高度な編集機能はまだまだ豊富に用意されています。これらを活用することで、動画編集がより簡単かつ効果的に行えるようになります。本書では、これらの機能の一部を紹介しますが、他にもさまざまな機能があるので、ぜひ色々と試してみてください。

🟩 クレジットの利用について

　FilmoraのAI機能の一部は、使用時にクレジットを消費します。Filmora の初回インストール時には、無料で100クレジットが付与されているため、まずはこのクレジットを使って AI 機能を試してみましょう。使い切った後は、必要に応じて有料でクレジットを追加購入することができます。

クレジット数	価格（日本円）	クレジット単価	有効期間
500クレジット （サブスクリプション）	1,480円/月	2.96円	30日間 自動更新
300クレジット	1,480円	4.93円	1年間
500クレジット	2,380円	4.76円	1年間
1,000クレジット	3,980円	3.98円	1年間

（価格は2024年10月26日現在のもの）

🟩 クレジット単価とは

　クレジット単価とは、1クレジットの値段のことです。クレジットを多く購入するプランほど、1クレジットあたりの価格がお得になります。たとえば、500クレジットのプランよりも1,000クレジットのプランの方が、1クレジットあたりのコストが少し安くなるのが一般的です。Filmoraを初めて使う場合は、まず無料で提供される100クレジットを試してみましょう。その後、自分に合ったクレジット数のプランを選ぶのがおすすめです。

楽しくてすぐ使い切っちゃいそうじゃな

18 AIスマートカットアウト

AIスマートカットアウトは、映像の中から特定の人物やオブジェクトを簡単に切り抜くことができるAI機能です。この機能を使うと、手間のかかるマスク作業をAIが自動で行ってくれます。ユーザーは、切り抜きたい部分を指定するだけで、AIが背景を自動的に判別し、スムーズに切り抜きを行います。この機能は、特に動画制作において、魅力的なビジュアルを作成するための強力なツールとなります。

AIスマートカットアウトの活用

YouTubeのサムネイルやプレゼンテーション資料など、視覚的に印象を残したい場面で活用できます。さらに、カットアウトされた人物やオブジェクトを別の背景に簡単に合成することも可能で、クリエイティブな表現を広げてくれるでしょう。操作も直感的で、専門的な知識がなくても手軽に使用できるため、初心者でも安心して利用できるのが魅力です。

第7章 編集を加速させるAI機能と高度な編集機能を活用しよう

129

AIスマートカットアウトウィンドウの操作画面

AIスマートカットアウトウィンドウの操作画面について詳しく解説します。

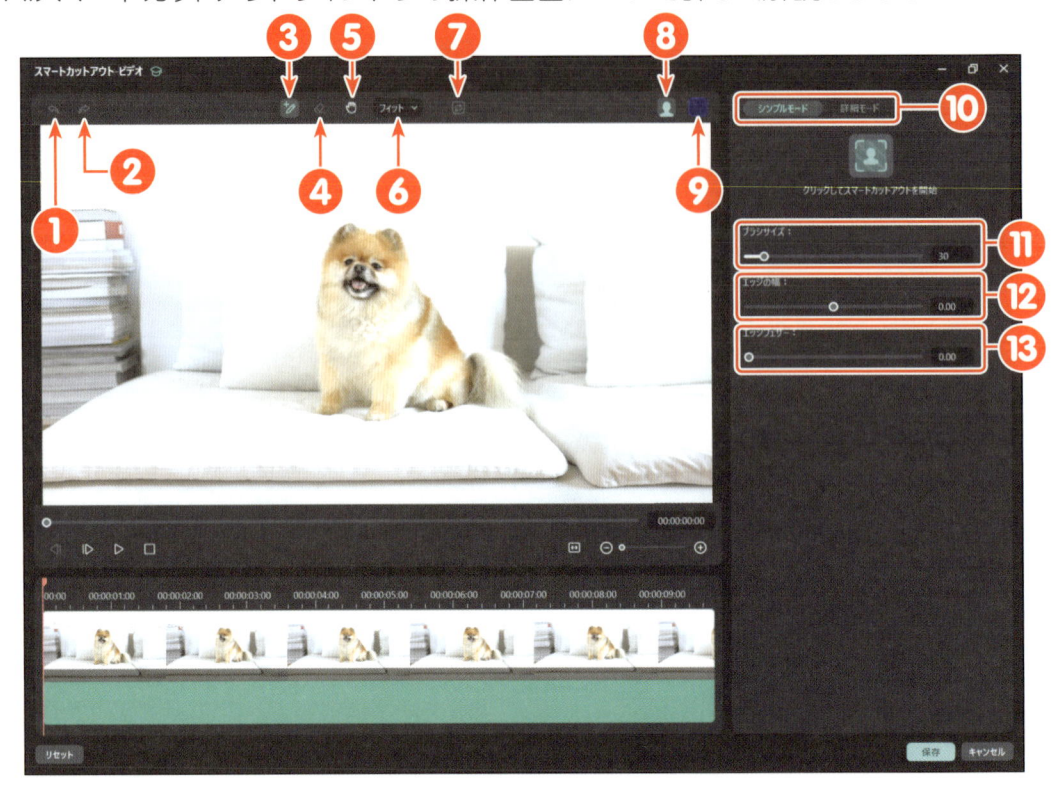

項目名	機能説明
❶ 元に戻す	直前の操作をキャンセルし、元の状態に戻します
❷ やり直し	「元に戻す」で取り消した操作を再度実行します
❸ 保持する領域を マスク	範囲を新たに選択するための基本的なツールです。クリック&ドラッグで選択範囲を描きます
❹ 消しゴム	既に選択された部分を消去し、選択範囲を修正する際に使います
❺ パン	プレビュー画面をドラッグして移動するツール。詳細な調整や確認に便利です
❻ ズームレベル	選択範囲を拡大・縮小し、細かい部分を確認しながら作業できます。フィットから最大800%まで調整可能。[Ctrl]キー+マウススクロールでの操作も可能です
❼ マスクの反転	現在選択されている範囲と選択されていない範囲を反転させます
❽ プレビュー モード	アルファオーバーレイ、透明グリッド、透明黒、アルファなど、表示モードを切り替えて選択範囲の確認を行います
❾ オーバーレイの 色	オーバーレイの色を変更し、選択範囲が視覚的にわかりやすくなるようにします

第7章 編集を加速させるAI機能と高度な編集機能を活用しよう

項目名	機能説明
⑩ モード切り替え（シンプルモード/詳細モード）	切り抜きの精度を調整します。シンプルモードでは、基本的な切り抜き操作が簡単に行えます。詳細モードでは、より高度な設定が可能です
⑪ ブラシサイズ	切り抜きたいオブジェクトの輪郭を塗る際のブラシの太さを調整します。大きな範囲を素早く選択する場合はサイズを大きく、小さな部分は精密に選択します
⑫ エッジの幅	切り抜き部分の境界線の幅を調整します。エッジを滑らかにしたい場合は幅を広げ、細かい部分を精密に切り抜きたい場合は幅を狭く設定することで自然な仕上がりになります
⑬ エッジフェザー	切り抜きのエッジをぼかす効果です。数値を上げることで、切り抜かれたオブジェクトの周囲が柔らかくぼけ、背景とよりなじみやすくなります

AIスマートカットアウトの手順

具体的な使い方や効果的な活用方法について詳しく解説します。

① スマートカットアウト機能の選択

切り抜きたい動画と背景にあてたい素材を用意します。タイムラインのビデオ1に背景にしたい動画を、その上のビデオ2に切り抜きたい動画をドラッグ&ドロップします。

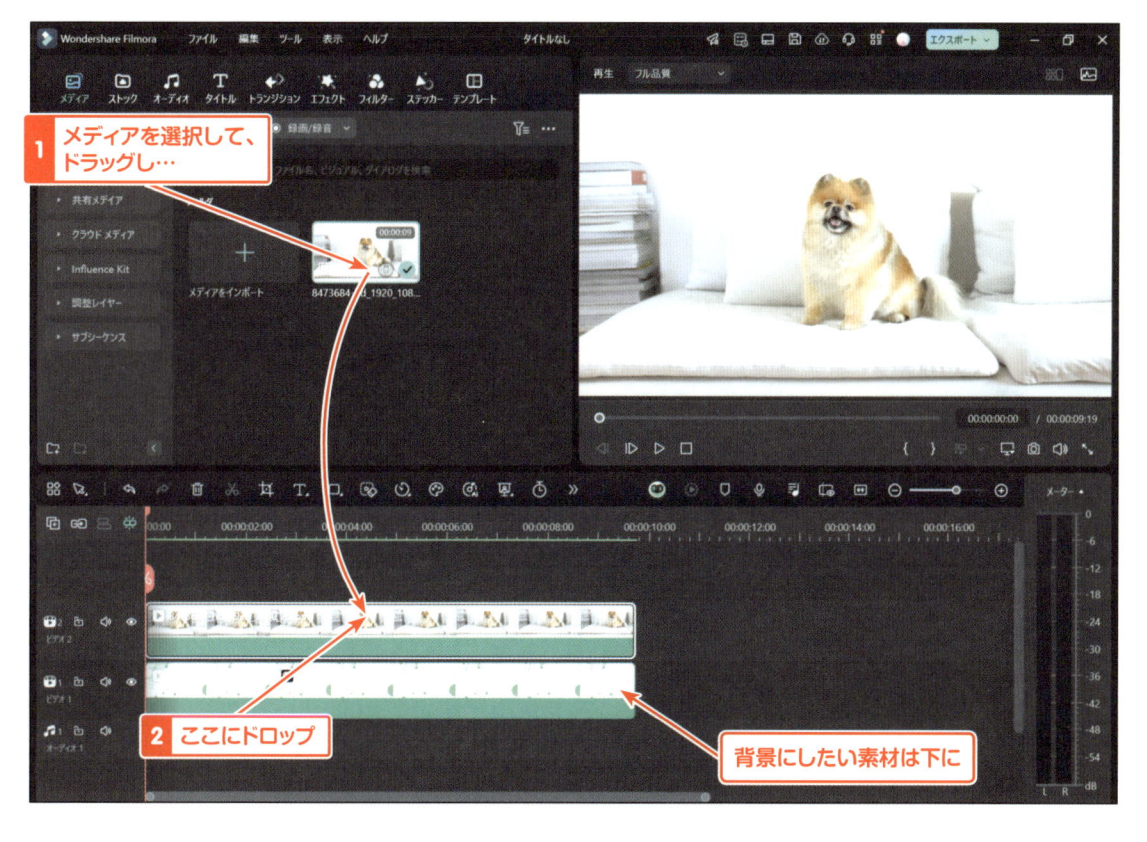

②切り抜きたいオブジェクトの指定

ビデオ2に入れた動画クリップをダブルクリックし、表示された編集メニューから「AIツール」タブをクリックします。AIツールのメニュー欄をスクロールして「スマートカットアウト」をクリックして有効にします。「クリックしてスマートカットアウトを開始」をクリックします。

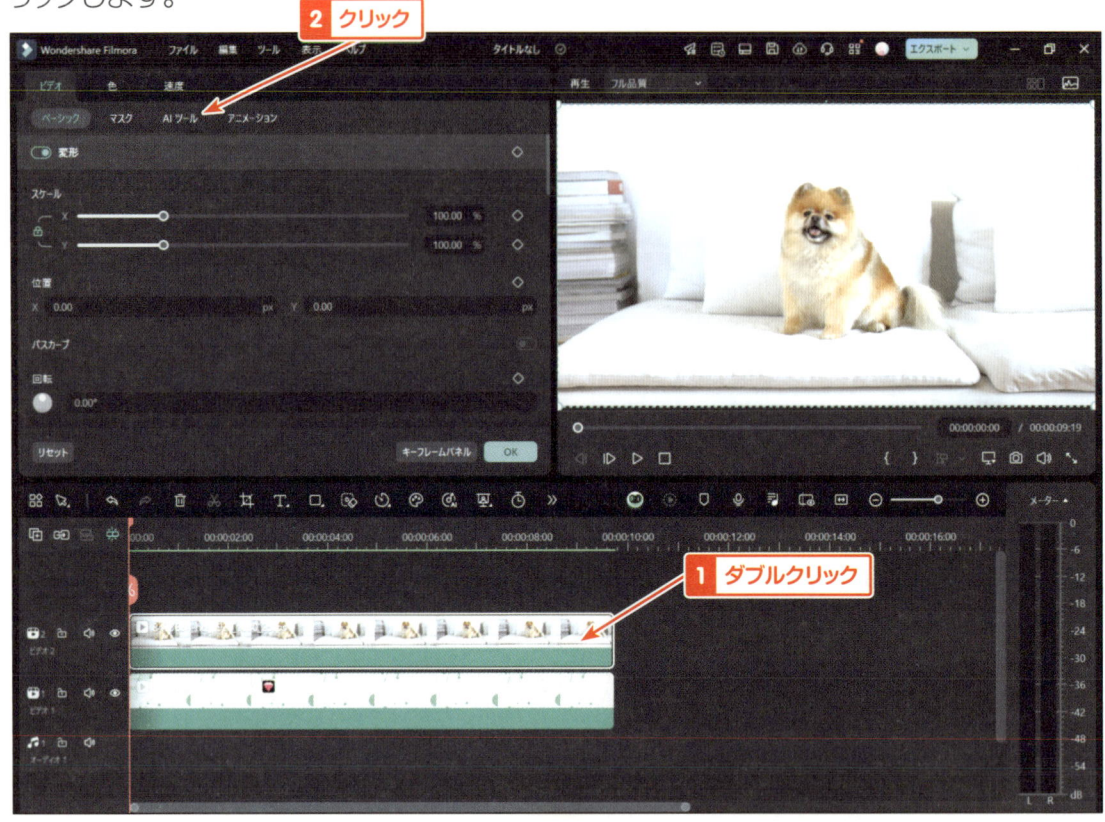

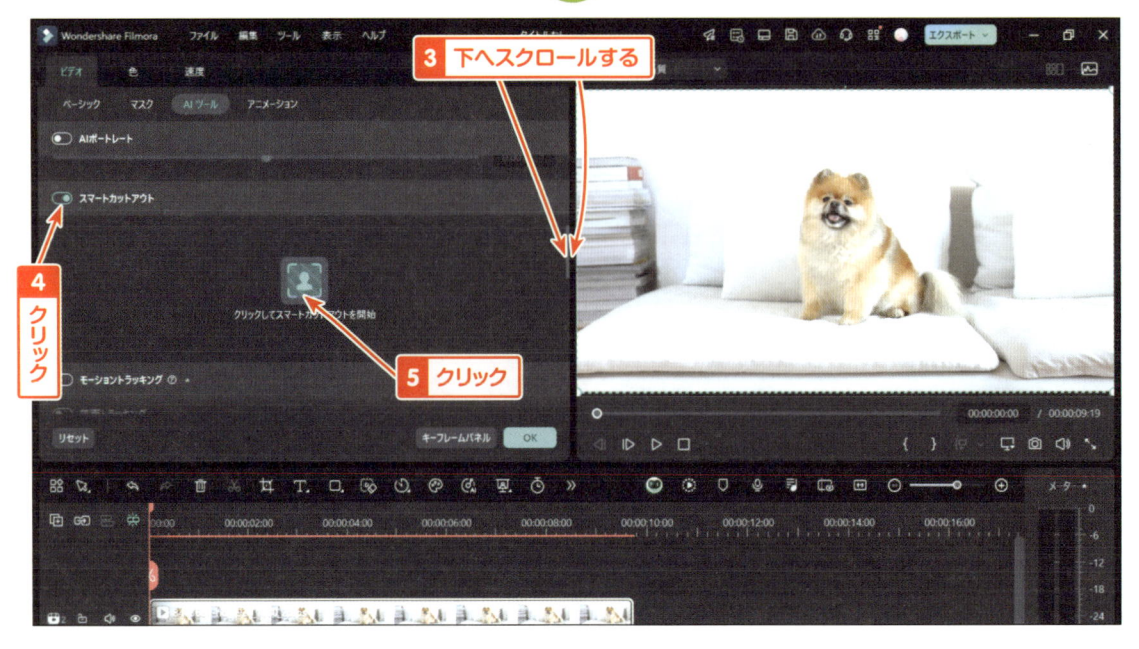

③ AIによる自動処理の実行

「スマートカットアウト ビデオ」ウィンドウが表示されます。プレビュー画面から、マウスを使って切り抜きたい被写体（犬）のアウトラインの内側に大まかな輪郭をドラッグしてなぞります。すると、被写体が自動的に青く塗りつぶされました。

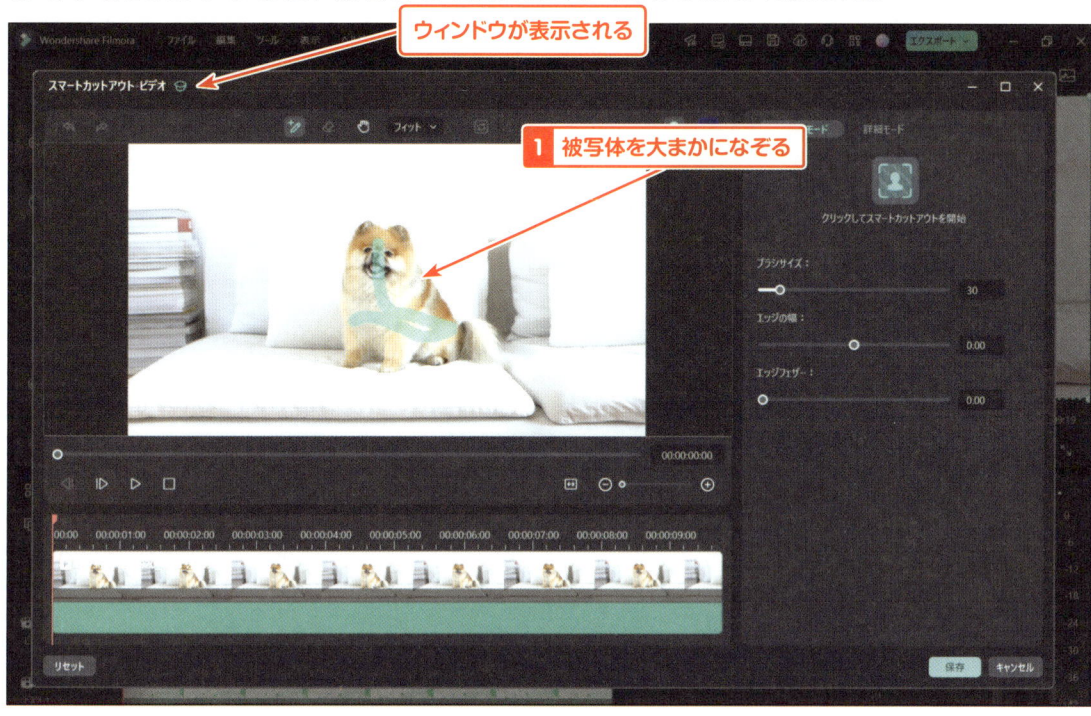

ウィンドウが表示される

1 被写体を大まかになぞる

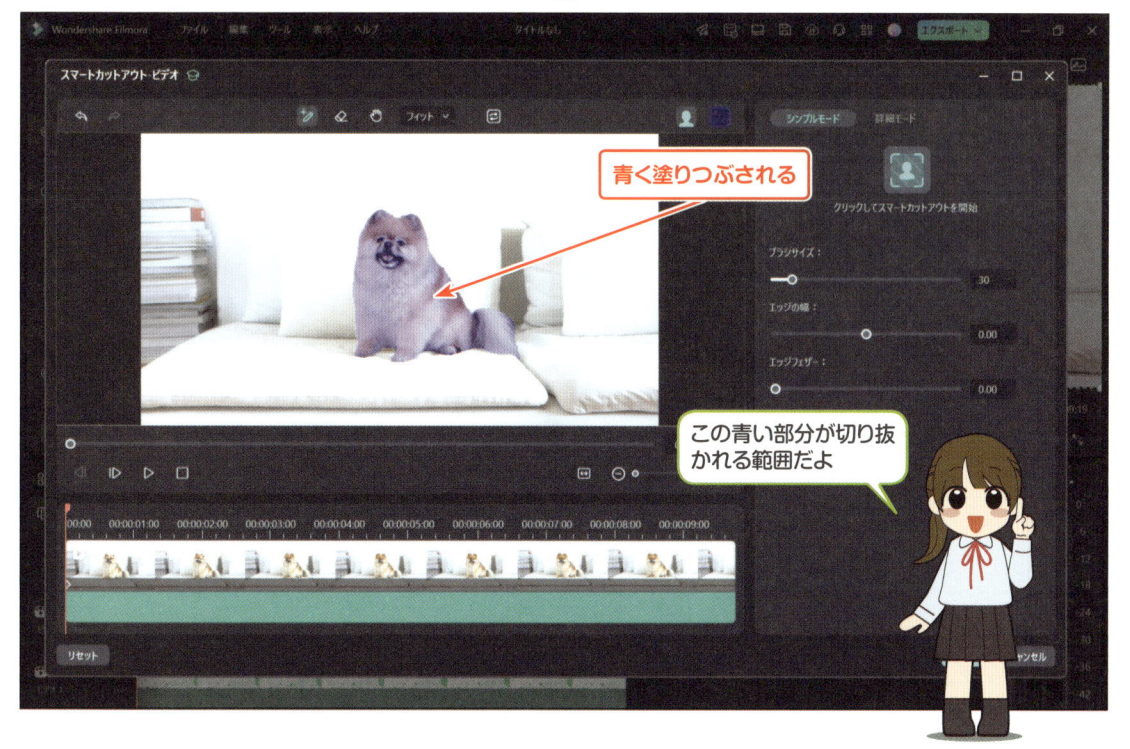

青く塗りつぶされる

この青い部分が切り抜かれる範囲だよ

④結果の確認と調整

　切り抜かれた被写体の周囲にエッジが残っている場合、「エッジの幅」や「エッジフェザー（輪郭のボケ具合）」をスライダーを動かし、より自然な仕上がりに調整します。

💡HINT

　この際に画面上部の「ズームレベル」をクリックし、倍率をクリックすると被写体が大きく表示されるので調整がしやすくなります。

クリックして選択する

大きく表示される

ズームすると細かいところまで確認できるから上手く活用するのじゃ

⑤ 編集の適用

切り抜き処理が完了したら、再生ヘッドがクリップの始まる位置にあることを確認し、「クリックしてスマートカットアウトを開始」をクリックして、スマートカットアウトを反映させます。トラッキング処理が終了したら、右下の「保存」ボタンをクリックします。

⑥完成した動画のプレビュー

　スマートカットウィンドウを終了し、タイムライン全体を再生して、編集した結果を確認します。必要に応じて、再度切り抜き範囲を微調整することもできます。

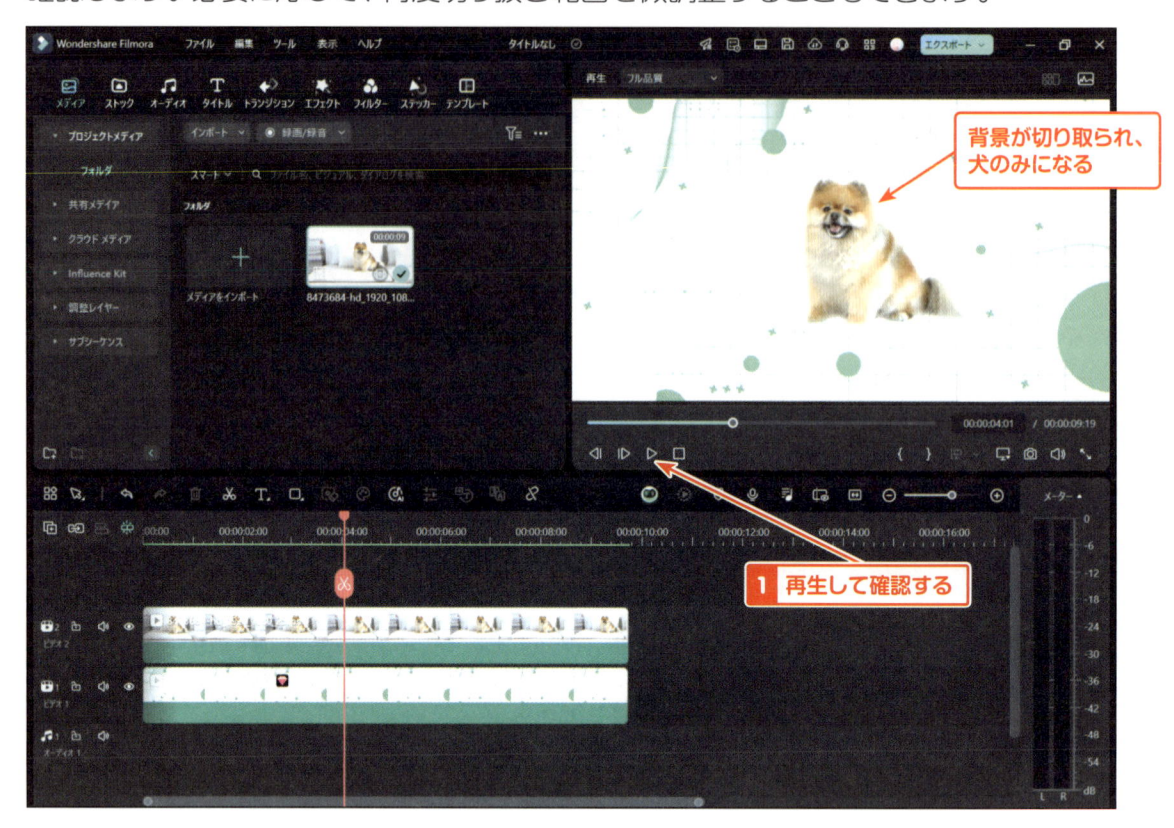

背景が切り取られ、犬のみになる

1 再生して確認する

ONE POINT

🔷 スマートカットアウトの微調整方法

　スマートカットアウトでは、フレームごとに細かな調整が可能です。切り抜きがうまくいかない部分は、消しゴムツールを使って手動で修正することができます。これにより、細かい部分の不要な背景も取り除け、より正確な切り抜きが可能です。特に、複雑な背景や動きのある被写体の場合、ズーム機能やエッジフェザーの設定と併用することで、自然な仕上がりに仕上げられます。

19 平面トラッキング

平面トラッキングは、動画内の特定の平面やオブジェクトを自動で追跡し、テキスト、画像、映像などをその動きに合わせてリアルタイムで適用できる画期的な機能です。この機能により、あたかも現実の一部としてさまざまなコンテンツを動画に自然に埋め込むことが可能になります。

平面トラッキングの活用

次の完成イメージのように、レンガ調の壁に「HELLO」というテキストをリアルに配置することができます。このように、壁や床、道路などの平面に対して、テキストや画像を自然な形で合成し、映像全体に新たな視覚効果を追加することができます。

従来のトラッキングでは、動く被写体に合わせてオブジェクトの動きを手動で調整する必要がありましたが、平面トラッキングでは、指定した平面に基づいて自動で追跡するため、編集作業の大幅な効率化が実現します。また、映像素材に動きやインパクトを与える演出にも適しており、編集者が直感的に使用できる点が魅力です。

第7章 編集を加速させるAI機能と高度な編集機能を活用しよう

平面トラッキングの手順

　ここでは、平面トラッキングの使い方を手順に沿って紹介し、実際の映像編集における活用方法をわかりやすく解説していきます。

① 動画クリップをタイムラインに追加

　タイムラインのビデオ1にトラッキングをかけたい動画をドラッグ&ドロップします。タイムライン上に設置した動画クリップをダブルクリックし、開いた編集メニューから「AIツール」タブをクリックします。

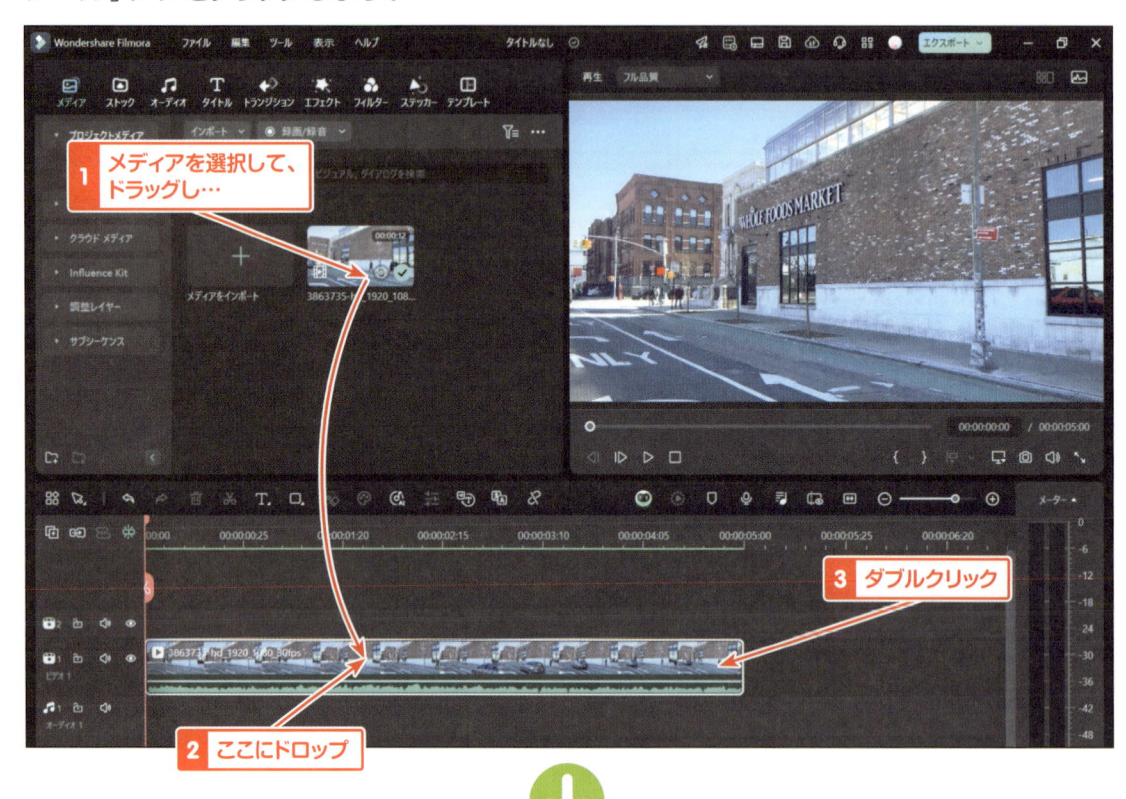

② 平面トラッキングを開始

AIツールのメニューをスクロールして平面トラッキングをクリックし、有効にします。平面トラッキングの選択画面が操作できるようになります。「オート」と「高度」の2つのオプションがあり、どちらかをクリックして選択します。

- オート：Filmoraが自動的に平面を認識し、簡単にトラッキングを開始できます。
- 高度：より細かく設定したい場合に選択します。

今回はオートでトラッキングを行います。オートを選ぶことで、Filmoraが自動的に適切なトラッキングを行い、素早く編集を進められます。

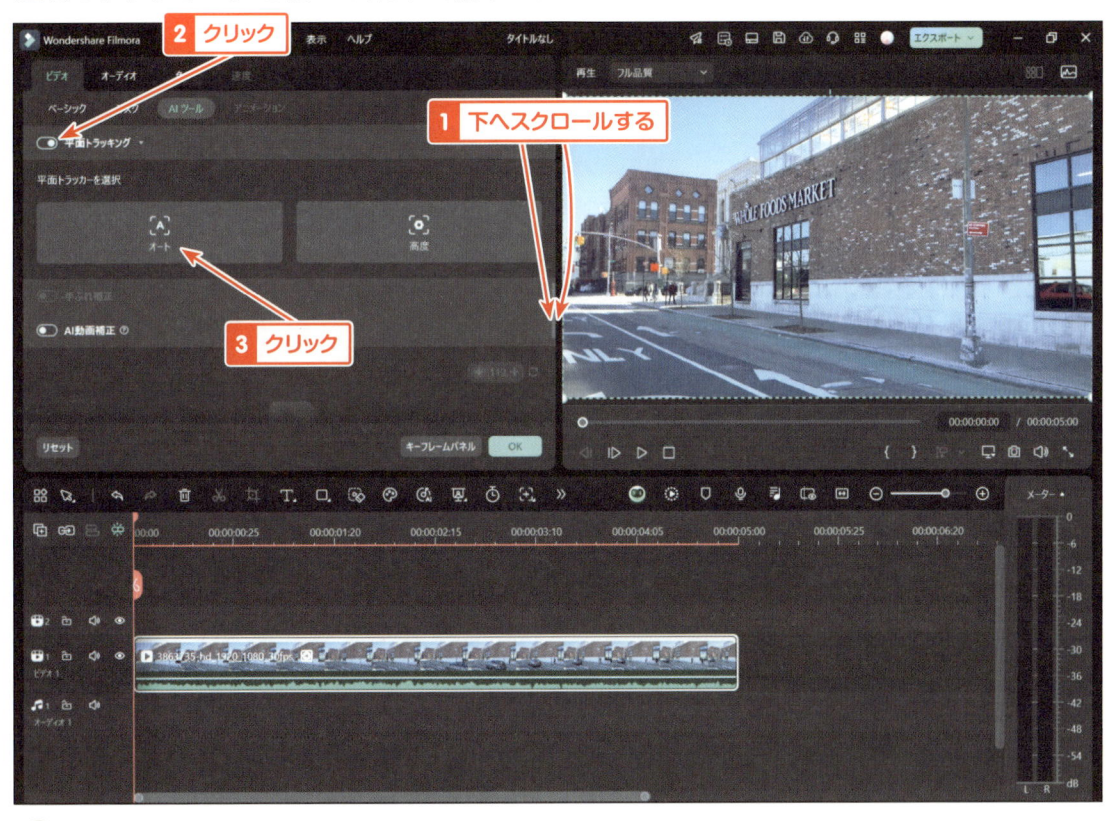

HINT

　平面トラッキングの「高度」オプションでは、トラッキングの精度を「低」「デフォルト」「高」から選択できます。また、クリップの前方からか後方からか、トラッキングを開始する位置も指定可能で、シーンやオブジェクトの動きに応じた柔軟な対応が可能です。

　さらに、高度設定ではトラッキングが途中でズレた場合でも、修正を行ってから再度トラッキングを続行できるため、より正確な追従が可能です。1フレーム単位での分析も可能で、トラッキングの微細なズレを細かく調整できます。撮影素材や編集ニーズに応じて、精度と分析位置を最適に設定し、「オート」と「高度」を使い分けるとよいでしょう。

③ トラッキングエリアの設定

オートをクリックすると、画面上に四角形のトラッキングエリアが表示されます。四角形の四隅をドラッグし、トラッキングしたいエリアに合わせて調整します。

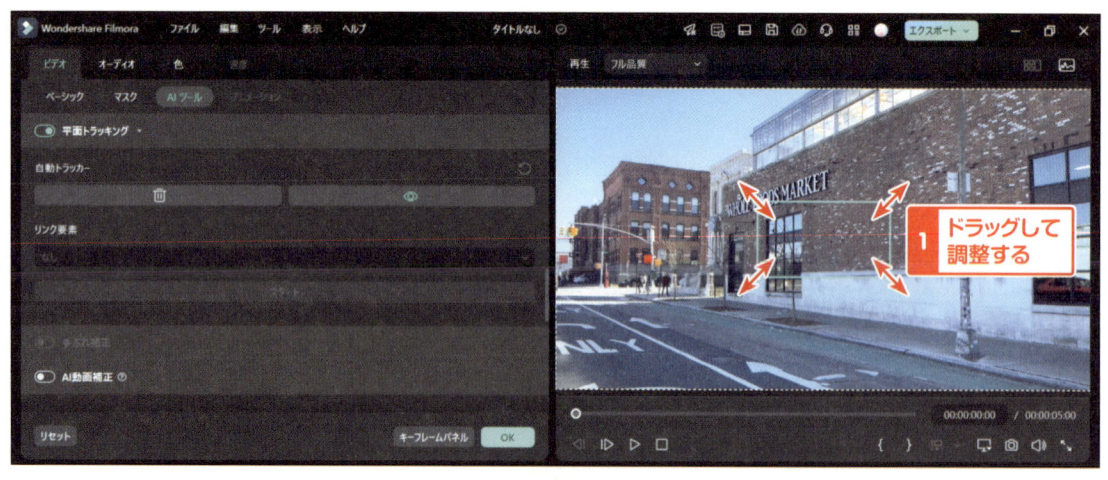

④トラッキングを開始する

トラッキングエリアが正確に設定されたら、再生ヘッドが動画の開始位置にあることを確認し、「スタート」ボタンをクリックしてトラッキングを開始します。Filmoraが自動的に選択された平面を追跡し、トラッキングデータが生成されます。トラッキングが完了すると、指定した平面に合わせた動きが映像内に反映されます。

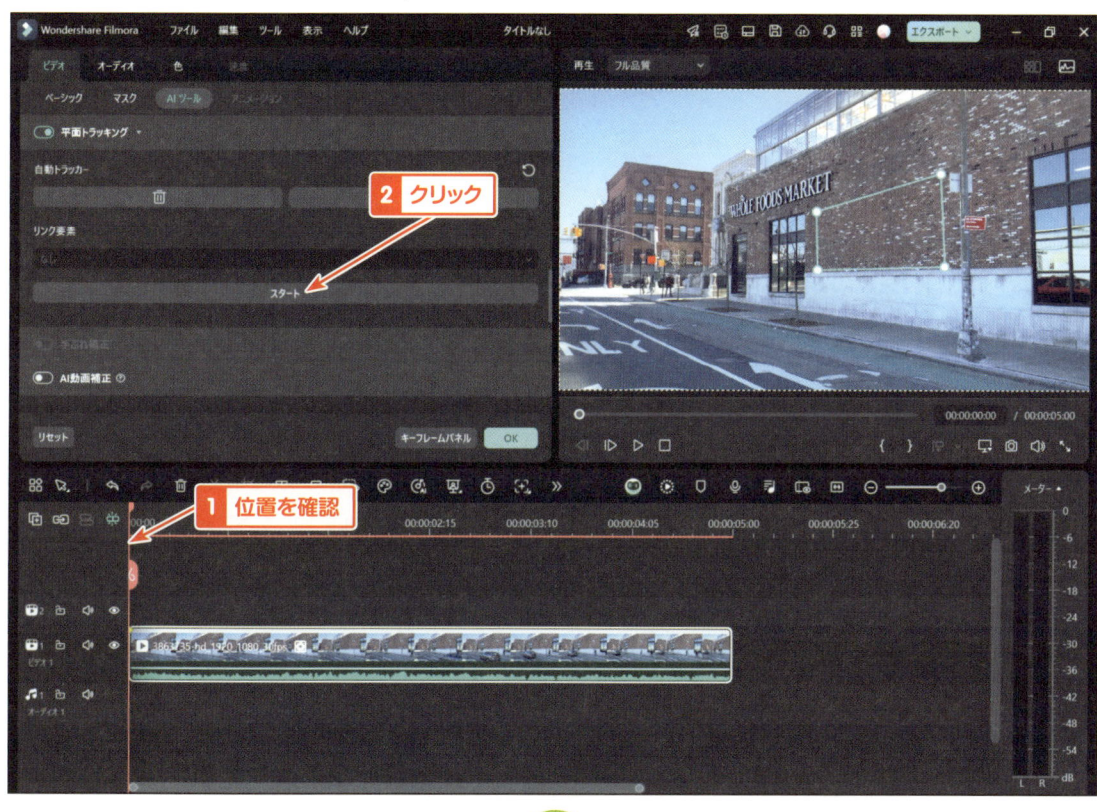

⑤ テキストの追加

　トラッキングが完了したら、画面上部の「タイトル」タブをクリックします。タイトルライブラリーが表示されるので、シンプルなテキストテンプレートをクリックして選択し、タイムラインにドラッグ&ドロップします。テンプレートクリップをクリックし、「YOUR TITLE HERE」の部分を「HELLO」に変更します。この際に、角をドラッグしてサイズを大きくしておきます。

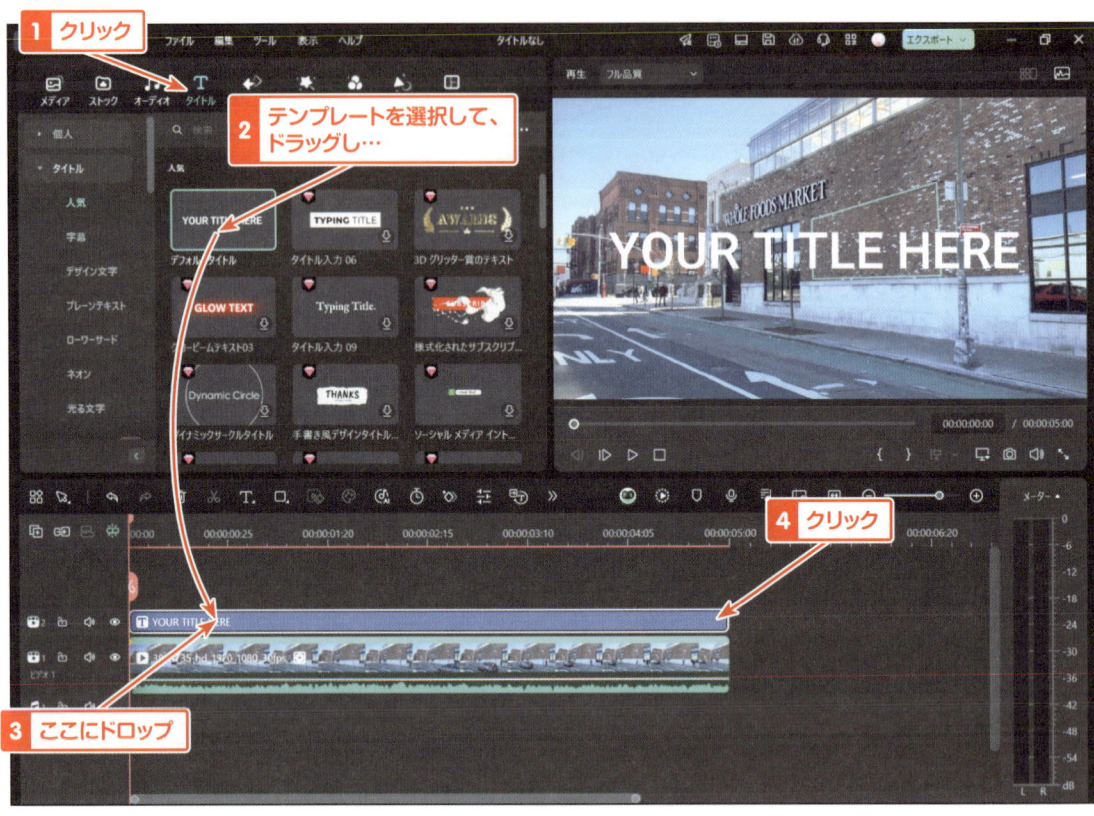

第⑦章　編集を加速させるAI機能と高度な編集機能を活用しよう

⑥ リンク要素の設定

　次にトラッキングをしたビデオ1に配置されている動画クリップをクリックし、平面トラッキングの設定画面を表示します。設定項目の「リンク要素」から「Default Title」をクリックして選択します。選択するとテキストがトラッキングエリアに移動します。これでテキストがトラッキングデータに基づいて自動的に動くようになります。

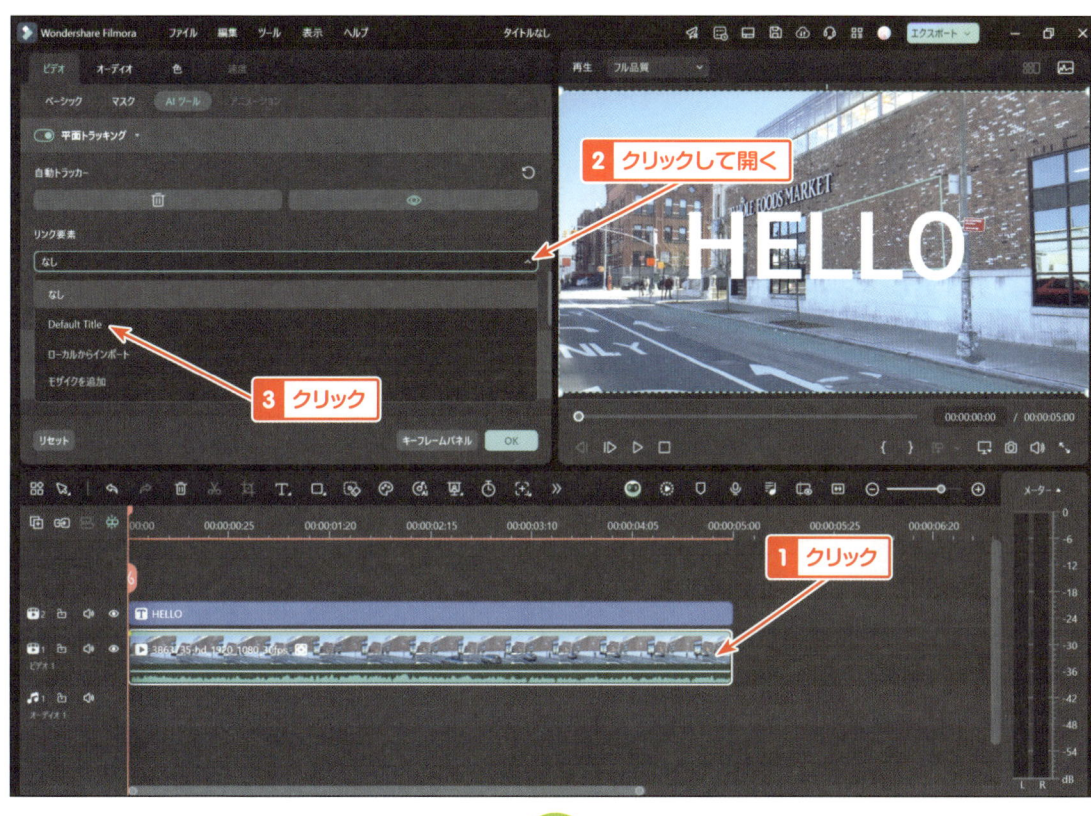

⑦ ターゲットボックスを非表示

　最後に ◉ （ターゲットボックスを非表示）をクリックすると、トラッキングエリアが非表示になります。動画を再生してトラッキングエリアやテキストが小さくないかなど、確認しましょう。

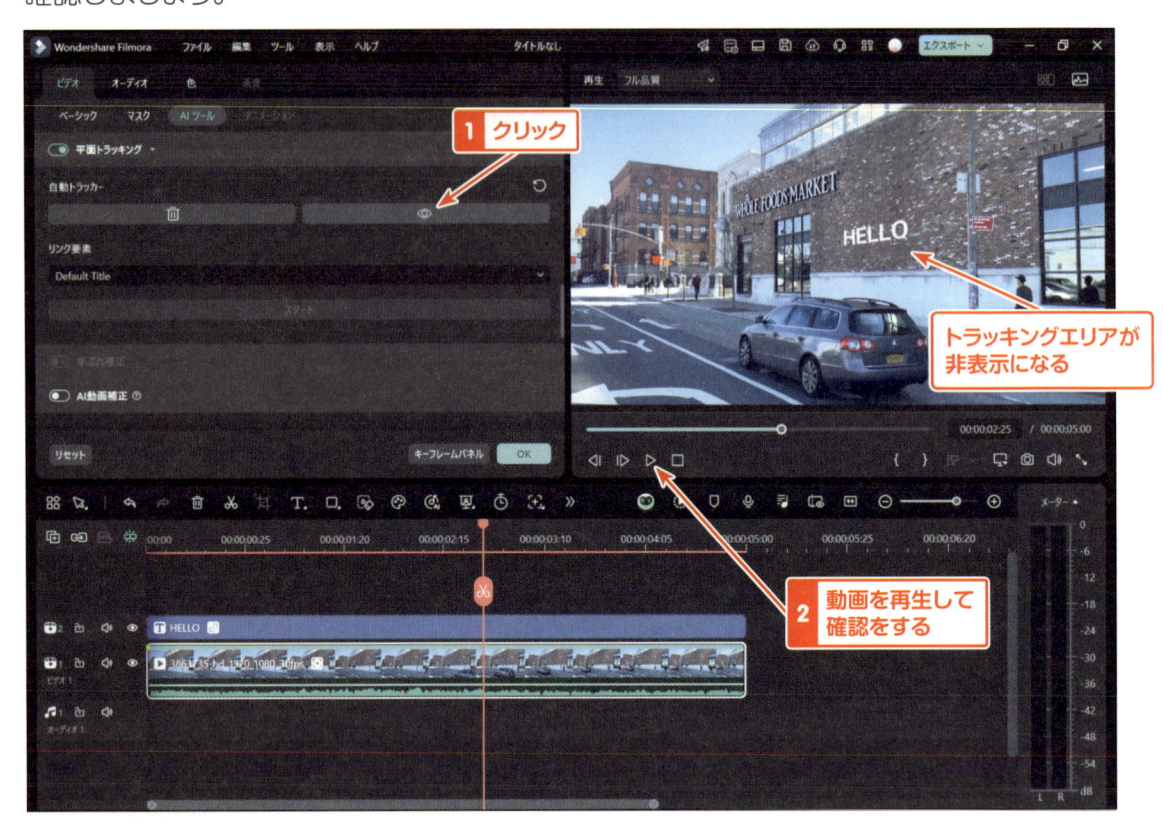

🟩 平面トラッキングの応用

　Filmoraの平面トラッキングは、テキストだけでなく、画像や映像クリップも同様に平面に沿ってトラッキングすることができます。たとえば、壁にロゴ画像を貼り付けたり、特定のエリアに動画を挿入したりすることで、動画編集の幅が広がります。さまざまな素材を組み合わせて、よりリアルで迫力のある映像表現を試してみましょう。

上手に活用すれば、プロみたいな動画が作れちゃうね

AIフェイスモザイク

AIフェイスモザイクは、強力なAI機能の一つで、動画内の人物の顔を自動で検出し、モザイク処理を施すことができます。この機能により、手動でモザイクをかける手間が省け、効率的に顔部分を処理できます。プライバシー保護や肖像権に配慮した動画編集が必要な場合に非常に便利です。

AIフェイスモザイクの活用

AIフェイスモザイク機能は、プライバシー保護だけでなく、映像内で特定の人物の注目度を調整する際にも役立ちます。たとえば、インタビュー映像で背景に映り込んだ第三者の顔をぼかしたり、必要に応じて特定の人にだけモザイクをかけることで、視聴者の集中を保ちつつ、個人情報の漏洩を防止できます。また、フェザー効果を活用することで、モザイクの境界が自然にぼけ、映像全体の一体感を保ちながら自然な演出が可能です。

プライバシー保護はとても大事なことじゃぞ

第7章 編集を加速させるAI機能と高度な編集機能を活用しよう

145

AIフェイスモザイクの手順

　顔の自動検出により、編集のスピードと正確さが向上し、複数の人物が映り込んでいる場合でも容易に個別設定が可能です。特にインタビューやイベントの映像編集において、シンプルな操作で実現します。

① 動画クリップをタイムラインに追加

　タイムラインのビデオ1にモザイクをかけたい動画をドラッグ&ドロップします。

② エフェクトメニューの選択

　ツールバーから「エフェクト」タブをクリックし、左側のカテゴリーから「ボディエフェクト」をクリックして選択します。

③ モザイクの種類を選択する

　開いたボディエフェクトのカテゴリーから「顔のモザイク」をクリックします。様々な
エフェクトが表示されるので、今回は「AIパステルモザイク」をクリックして選択します。
ドラッグ&ドロップでタイムライン上にある動画に重なるように設置します。すると、AI
が自動的に顔を検出し、パステル調のモザイクが反映されます。

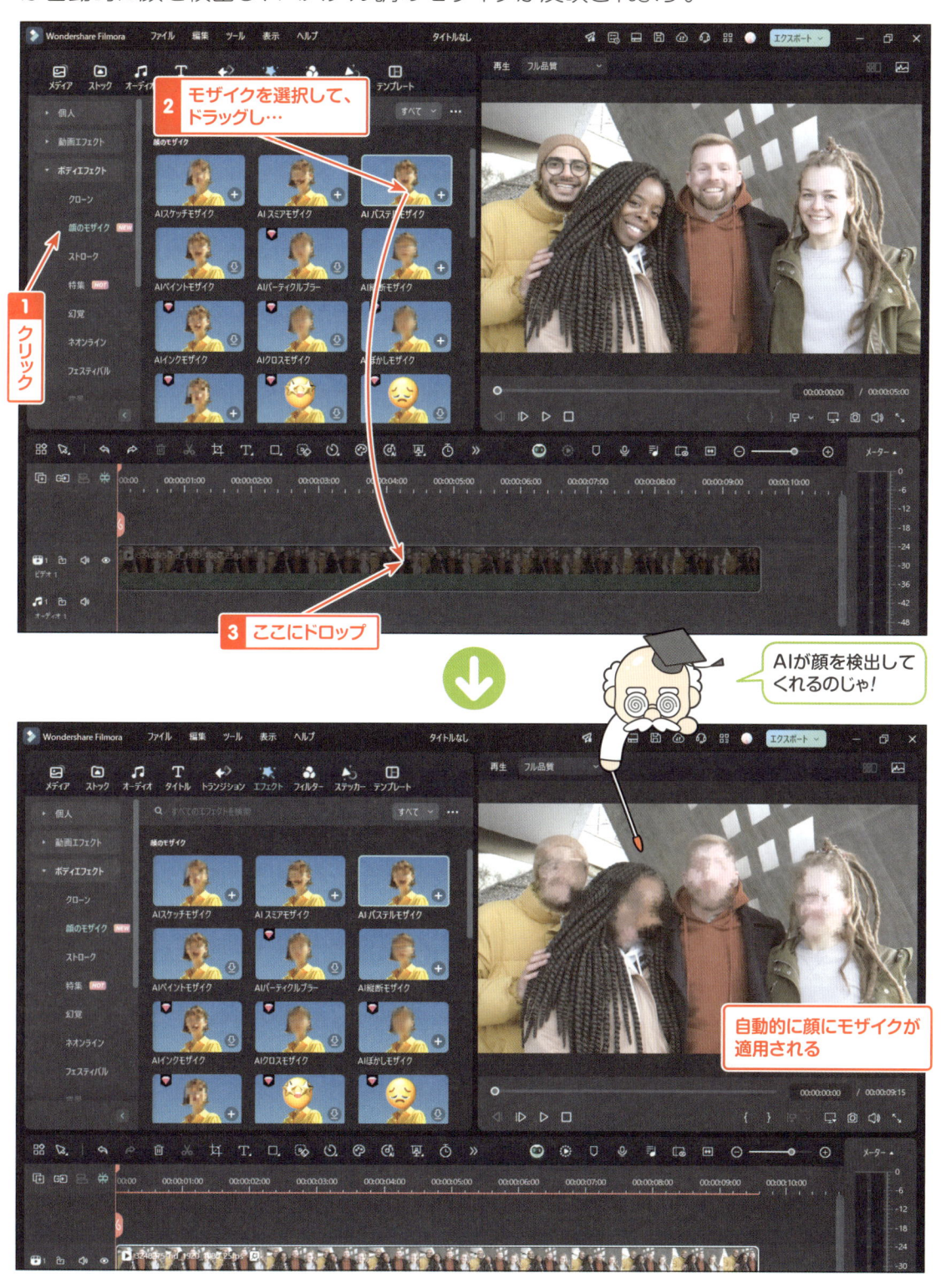

④対象の選択

　次にモザイクをかける人、かけない人を選択します。タイムライン上に設置した動画クリップをダブルクリックし、表示された編集メニューから「エフェクト」タブをクリックします。AIパステルモザイクの操作画面が表示されます。操作画面上部にはモザイクを設定している人物が4名表示されています。モザイクをかけない人のチェックボックスを外すと、対象者のモザイクが解除されます。

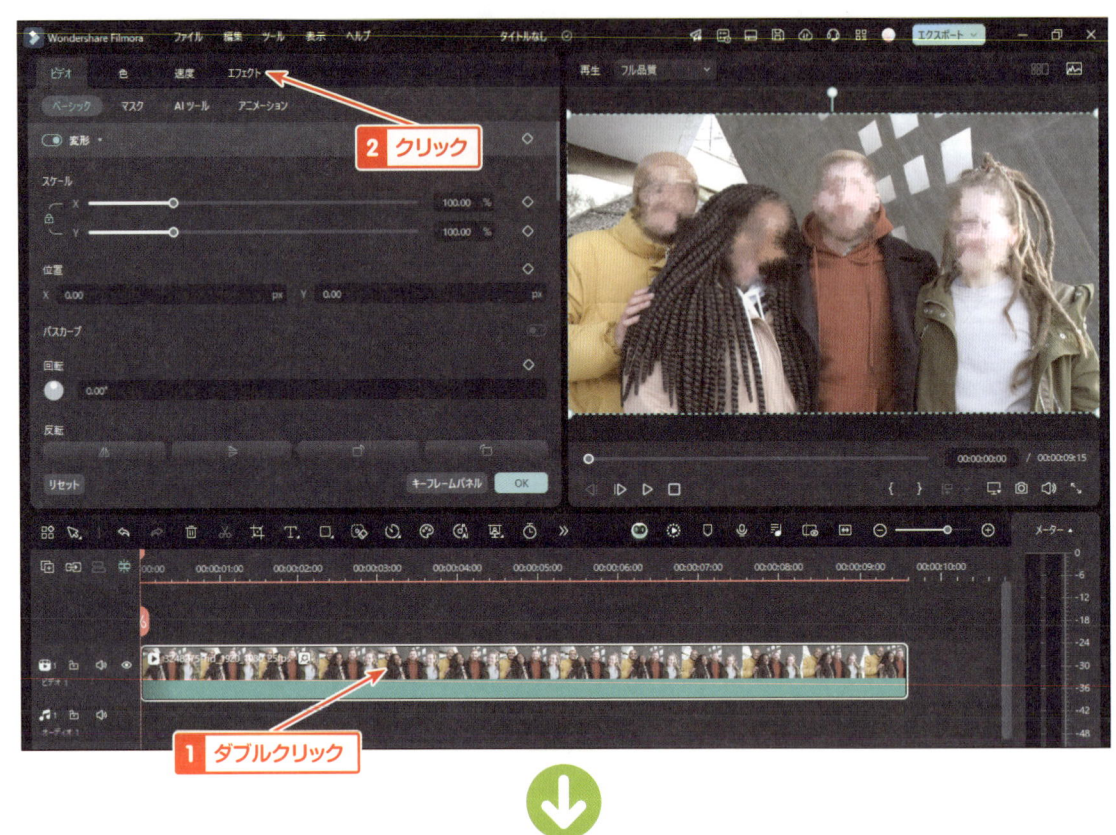

第7章　編集を加速させるAI機能と高度な編集機能を活用しよう

⑤ モザイクの調整

次にモザイクのかかり具合を調整します。それぞれスライダーを動かし調整します。調整後は「OK」ボタンをクリックし、適用します。

◆ 強さ

モザイク効果の粒度を調整します。スライダーを右に動かすと、モザイクの粒度が粗くなり、より強いモザイク効果がかかります。スライダーを左に動かすと、モザイクの粒度が細かくなり、薄いモザイク効果になります。強度設定の数値が高いほど、顔がより見えにくくなります。

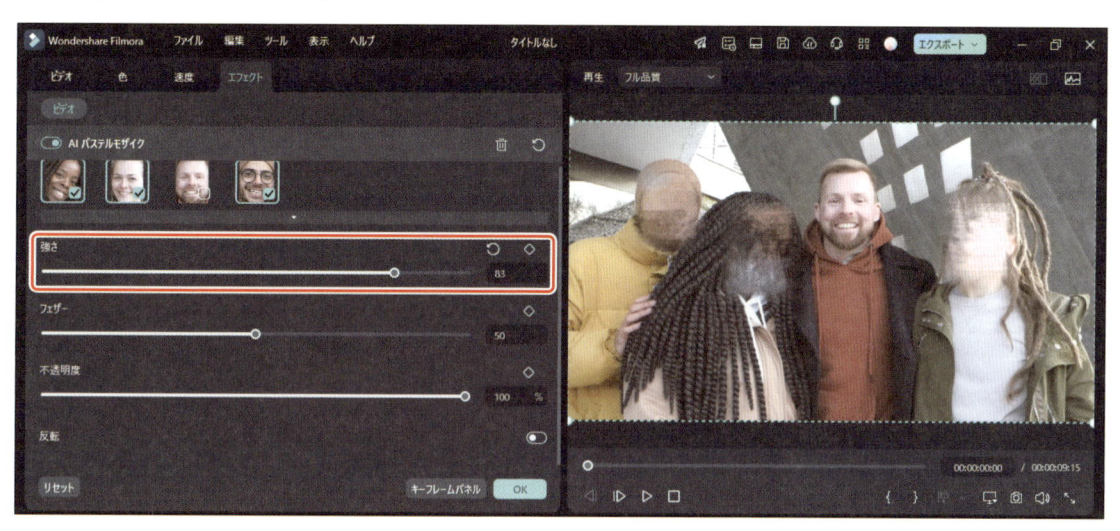

◆ フェザー

モザイクの境界部分をぼかす効果を調整します。スライダーを右に動かすと、境界部分がより柔らかくぼけるため、モザイクと背景の境界がなめらかになります。スライダーを左に動かすと、モザイクの境界がよりはっきりとします。フェザー効果により、自然なぼかし具合を実現し、映像全体の一体感が向上します。

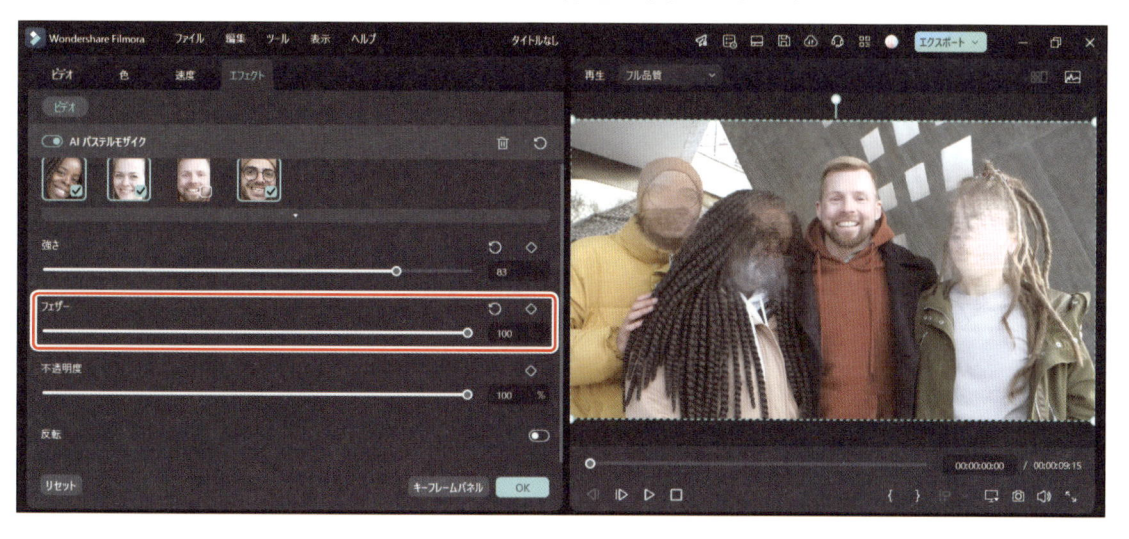

◆ 不透明度

モザイクの透明度を調整します。スライダーを右に動かすと、不透明度が高まり、モザイクで完全に見えなくなります。数値が100%の場合、完全にモザイクが表示され、0%の場合はモザイクが完全に透明になります。

◆ 反転

モザイクの適用範囲を逆転させる機能です。通常は顔部分にモザイクがかかりますが、反転を有効にすると、顔以外の部分にモザイクがかかるようになります。この機能は、特定の背景部分をぼかしたい場合や、特定のオブジェクトのみを目立たせたい場合に有効です。

🧊 AIフェイスモザイクを活用するシーンと効果的な設定

　AIフェイスモザイク機能は、単にプライバシー保護のためだけでなく、映像内で特定の人物の注目度を調整する際にも活用できます。たとえば、映像の中で特定の人物の存在を強調することも可能です。モザイクをかけることで、他の人物や背景がぼけ、映像全体の構成がシンプルに整理されます。また、フェザー効果を適切に調整することで、モザイクと映像の一体感が向上し、自然な演出が可能です。

第7章　編集を加速させるAI機能と高度な編集機能を活用しよう

AIサウンドエフェクト

AIサウンドエフェクトは、Filmoraにおいて動画編集に欠かせない音声効果を生成できる機能です。この機能は、AI技術を活用し、映像に合った音声を自動で生成します。AIサウンドエフェクトは動画の雰囲気を大きく左右する音声編集をサポートし、よりリアルで臨場感のある仕上がりを簡単に実現できます。特に、自然の音や効果音を追加する際に便利で、操作は直感的であるため、初心者でも簡単に扱えます。

AIサウンドエフェクトの活用

AIサウンドエフェクトは、Vlogや日常の動画に臨場感を加えたい場面でよく使われます。たとえば、旅行のVlogに波の音を追加してリラックスした雰囲気を演出したり、街中の映像に人の話し声や車の音を入れて活気あるシーンを作ることができます。また、こうした効果音を使うことで、視聴者に映像の世界観を感じてもらいやすくなり、動画の魅力を一層引き出すことが可能です。

この機能は、クレジットを消費するAI機能の1つで、1回の生成ごとにクレジットが消費されます。

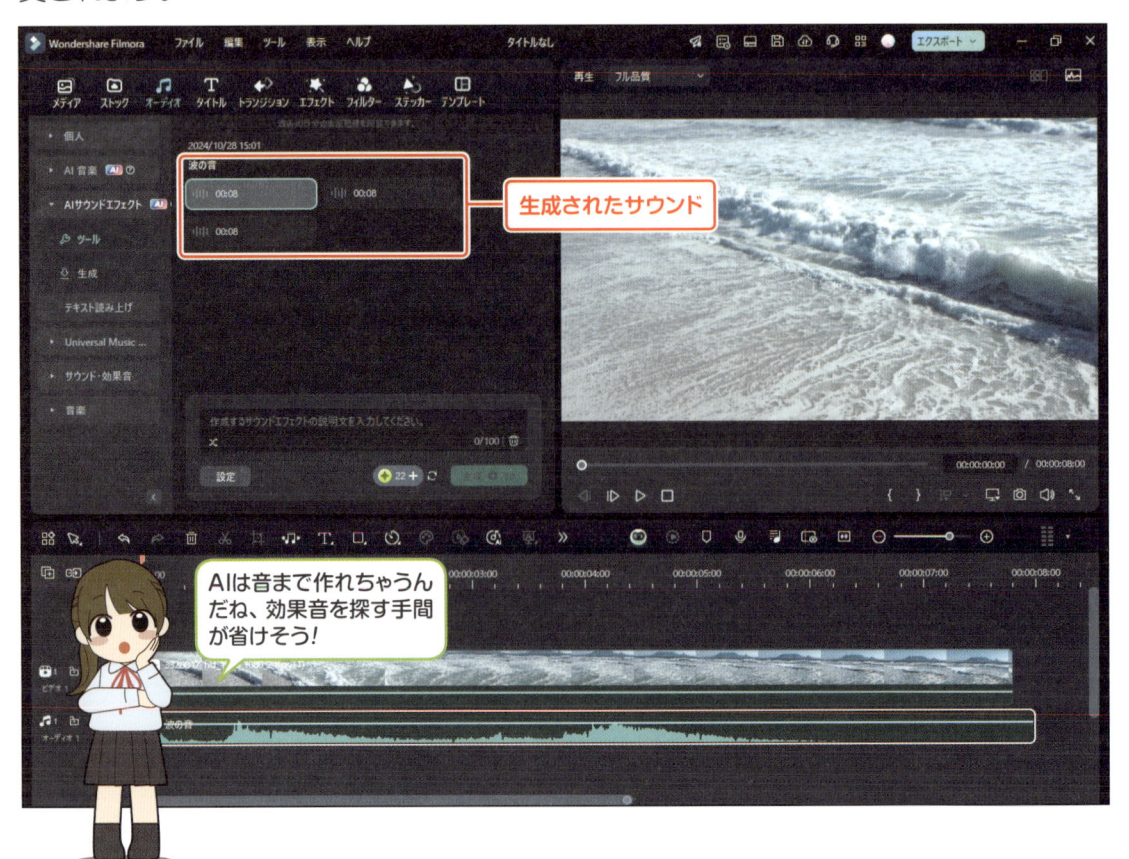

第7章 編集を加速させるAI機能と高度な編集機能を活用しよう

AIサウンドエフェクトの手順

次は、波の動画に波の効果音を生成して追加する、具体的な操作手順を説明します。

① オーディオメニューを開く

タイムラインに波の動画を追加します。ツールバーから「オーディオ」タブをクリックし、左側のカテゴリーから「AIサウンドエフェクト」をクリックします。

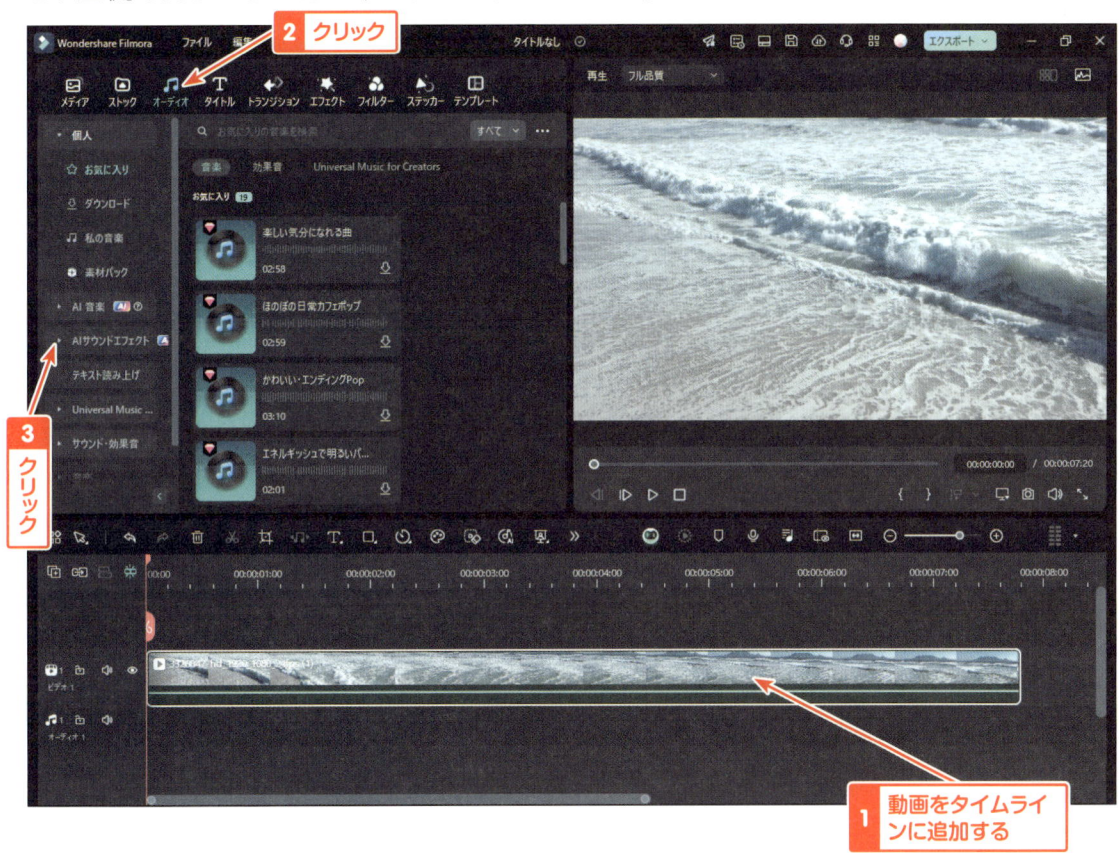

②AIサウンドエフェクトの生成画面と消費クレジット

AIサウンドエフェクトの操作画面が表示されます。ここでは効果音を生成するための説明文を入力します。今回は「波の音」と入力します。100文字以内で説明を入力できるので、適切な説明文を考慮しましょう。

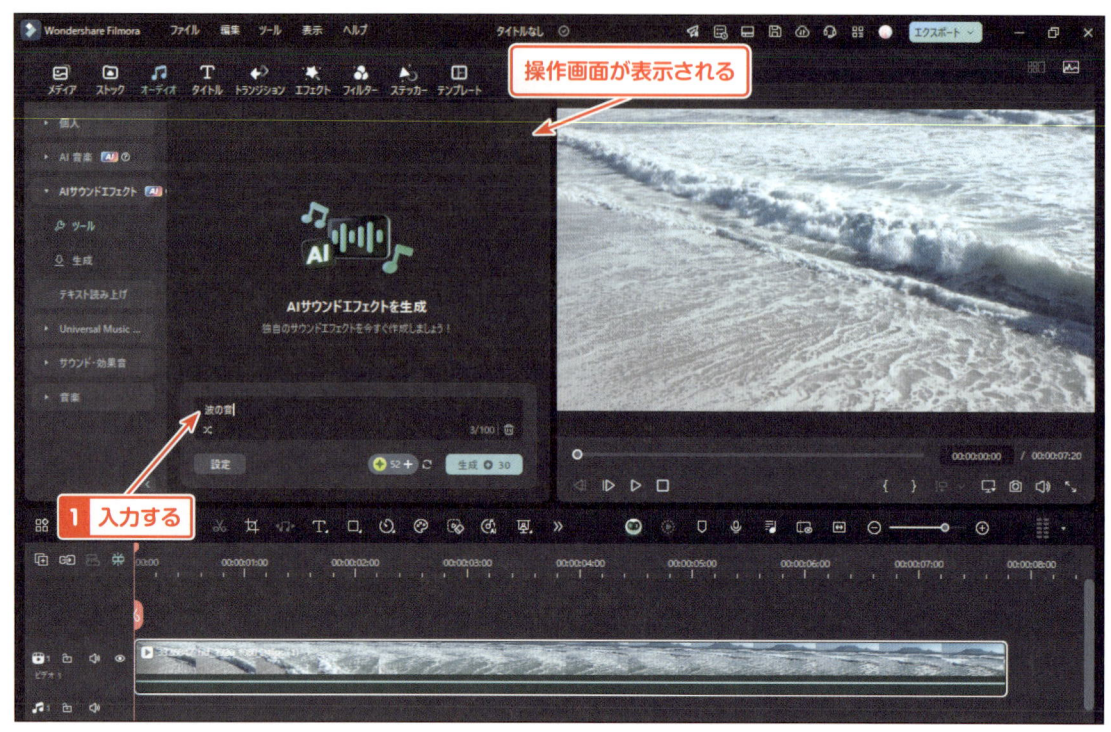

HINT

「設定」ボタンの右側に、現在の残クレジット数 (52) が表示されます。また右側には生成を行う際に消費されるクレジット数 (30) が表示されています。

③詳細な設定

AIサウンドエフェクト生成画面に表示される「設定」ボタンをクリックします。これにより、サウンドエフェクトの詳細設定ができるウインドウが表示されます。

◆ サウンドエフェクトの長さ

スライダーを使って生成するエフェクト (効果音) の長さを調整します。左にスライドすると短く、右にスライドすると長くなります。範囲は1秒から30秒まで可能です。

◆ サウンドエフェクトの数

1〜6の範囲で生成するエフェクト (効果音) の数を選択できます。スライダーを動かして、生成するエフェクトの数を調整します。今回は3つに設定します。

設定が終了したら、「生成」ボタンをクリックすると、生成が開始されます。

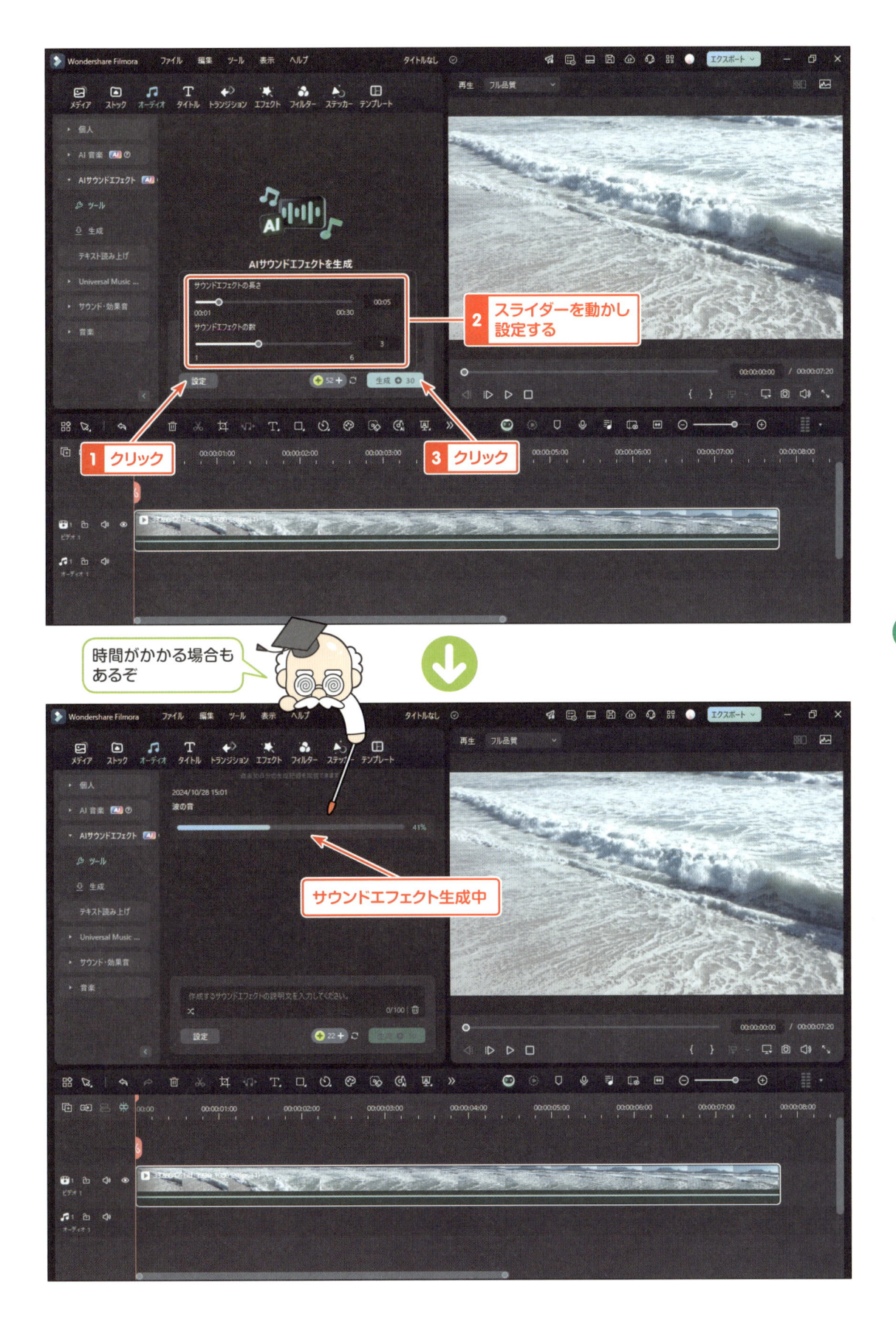

時間がかかる場合も
あるぞ

155

④ 生成されたサウンドエフェクトを確認する

生成が終了すると3つの効果音が表示されます。効果音をクリックすれば音が再生され、確認できます。実際に効果音を使用する場合は、そのままタイムラインにドラッグ＆ドロップして使用します。

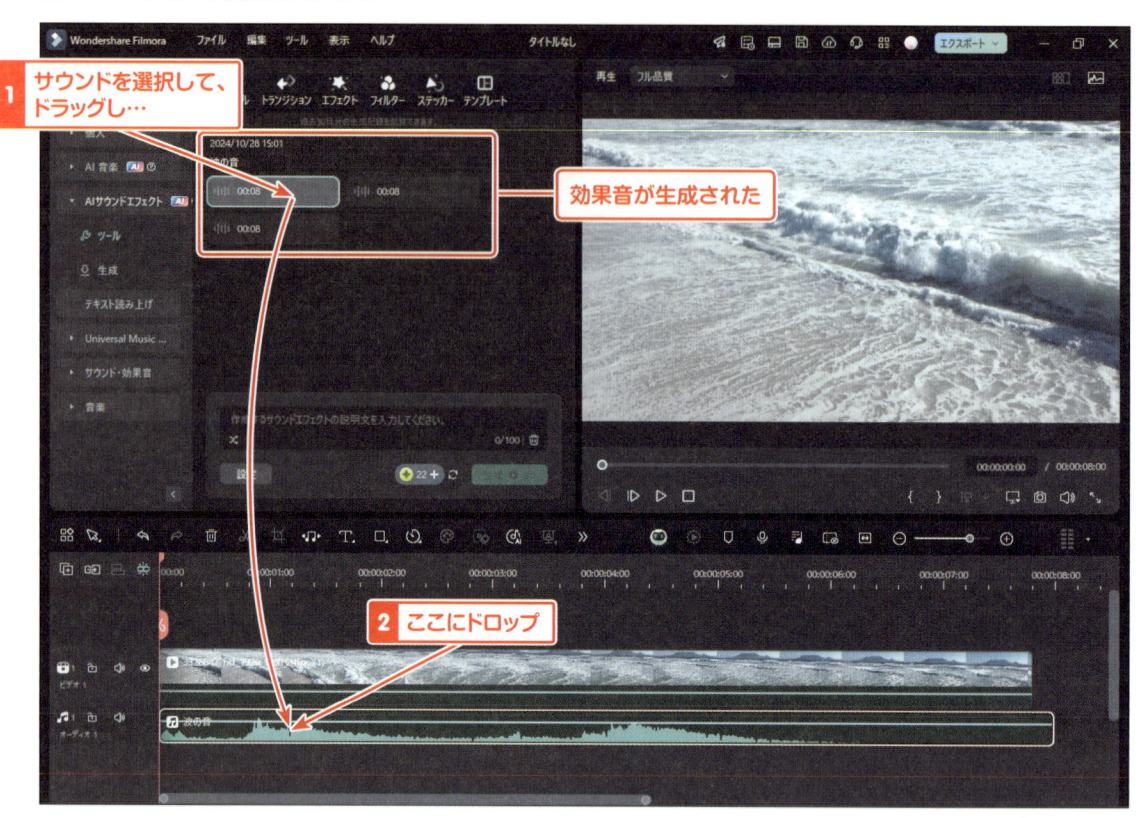

ONE POINT

🟢 サウンドエフェクト生成のコツ

AIサウンドエフェクトは、波の音だけでなく、さまざまな自然音や効果音の生成にも対応しています。設定を工夫することで、短いクリップでも自然な音の流れが作れます。サウンドエフェクトの長さを調整し、生成される効果音を複数組み合わせると、よりリアルで奥行きのある音響効果が得られます。

どの機能もプロレベル仕上がりを目指せるものばかりじゃ!

AI機能や高度な編集機能は、動画編集の幅を広げてくれるね

APPENDIX

トラブルシューティング
とサポート対応

よくある質問とトラブルシューティングを把握しよう

ここでは、Filmoraを使う際に遭遇しがちなトラブルと、それを解決するためのサポート利用方法を説明します。操作中のエラーや予期しない問題が発生した場合、適切なサポートを活用することでスムーズに解決を目指しましょう。

よくある質問とトラブルシューティング一覧表

Filmoraを使用中に発生しやすいトラブルに迅速に対応することは、スムーズな動画編集に欠かせません。このセクションでは、よくある質問やトラブルの原因、そして具体的な解決策を一覧表でわかりやすくまとめています。エクスポートエラーや音声トラブル、動作の遅延などに対して、落ち着いて適切な対処ができるように準備しましょう。

トラブル・質問内容	原因の可能性	解決策
動画が正常にエクスポートできない	・エクスポート設定のミス ・PCのメモリ不足	・エクスポートの解像度と形式を再確認（例：MP4、1080p） ・他のアプリを閉じてPCのメモリを確保する
音声が正しく再生されない	・音声ファイル形式が不適切 ・音声トラックがミュート	・MP3やWAV形式か確認し、必要に応じて変換する ・タイムライン上のトラックがミュートされていないか確認する
フリーズやクラッシュが発生する	・PCスペック不足 ・Filmoraのバグ	・PCがFilmoraの動作要件を満たしているか確認 ・最新バージョンにアップデートして再試行する
動画プレビューが遅い・カクつく	・高解像度のファイル使用 ・PCのGPU設定の問題	・プレビュー解像度を下げる（例：1/2または1/4） ・Filmoraの設定から「GPU高速レンダリング」を有効にする
保存したプロジェクトが開けない	・バージョン互換性の問題 ・ファイルの破損	・最新バージョンのFilmoraを使用 ・バックアップファイルがないか確認する
BGMが反映されない	・BGMファイルの配置ミス ・BGMの著作権問題	・正しいトラックにBGMを配置しているか確認 ・著作権フリーの音楽を利用する

23 サポートへ 問い合わせをしてみよう

Wondershare Filmora公式サイトでは、製品に関するよくある質問への回答や、サポートへの問い合わせが簡単に行えます。トップページの「サポート」タブから、必要なヘルプを見つけましょう。サポートページでは、FAQs、操作ガイド、トラブルシューティング、そして直接問い合わせが可能なフォームが用意されています。

トラブルシューティングの手順

Filmora公式サイト（https://filmora.wondershare.jp/）にアクセスし、トップ画面の上部メニューにある「サポート」をクリックします。サポートページが開くと、次のようなセクションが表示されます。

159

◆ FAQs

ここにはFilmoraでよくあるトラブルとその解決策が掲載されています。まずはFAQsを確認し、自分が直面している問題がすでに解決されていないか調べてみましょう。

◆ お問い合わせ

トラブルがFAQsで解決できない場合、「お問い合わせ」からサポートチームに直接連絡できます。

FAQsでトラブルシューティング

Filmora公式サイトのFAQsは、よくあるトラブルに対する解決策を素早く見つけるのに便利なリソースです。このセクションでは、FAQsの活用方法を紹介し、自分で問題を解決するための基本的な手順を学びます。トラブルに直面した際は、まずFAQsを確認してみましょう。

① FAQsでトラブルシューティング

サポートページから「FAQs」のリンクをクリックします。ページが表示されると、エクスポートエラーやインストールに関するトラブルなど、具体的な解決策が一覧化されています。該当する項目があればクリックして内容を確認しましょう。

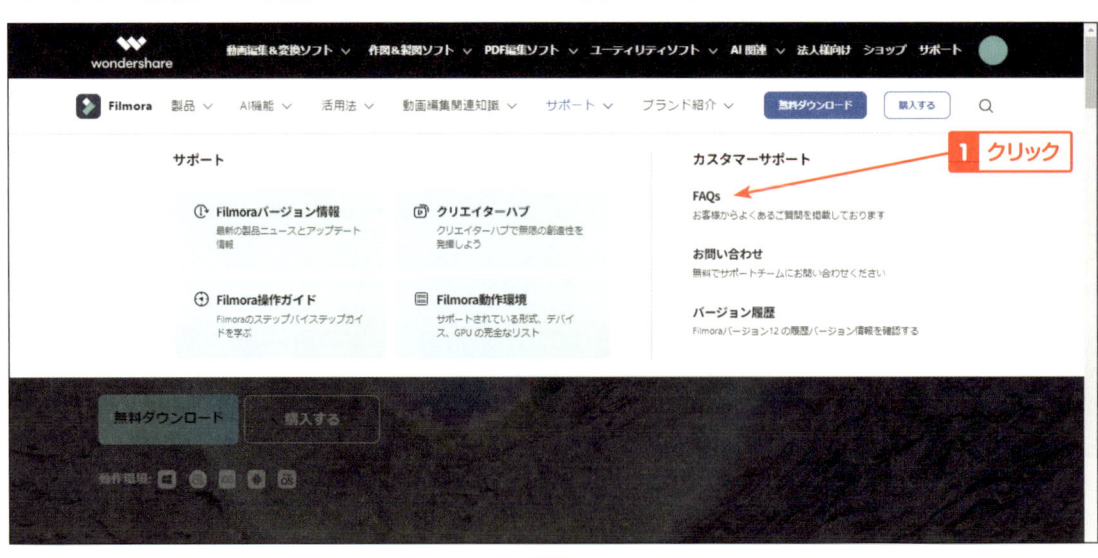

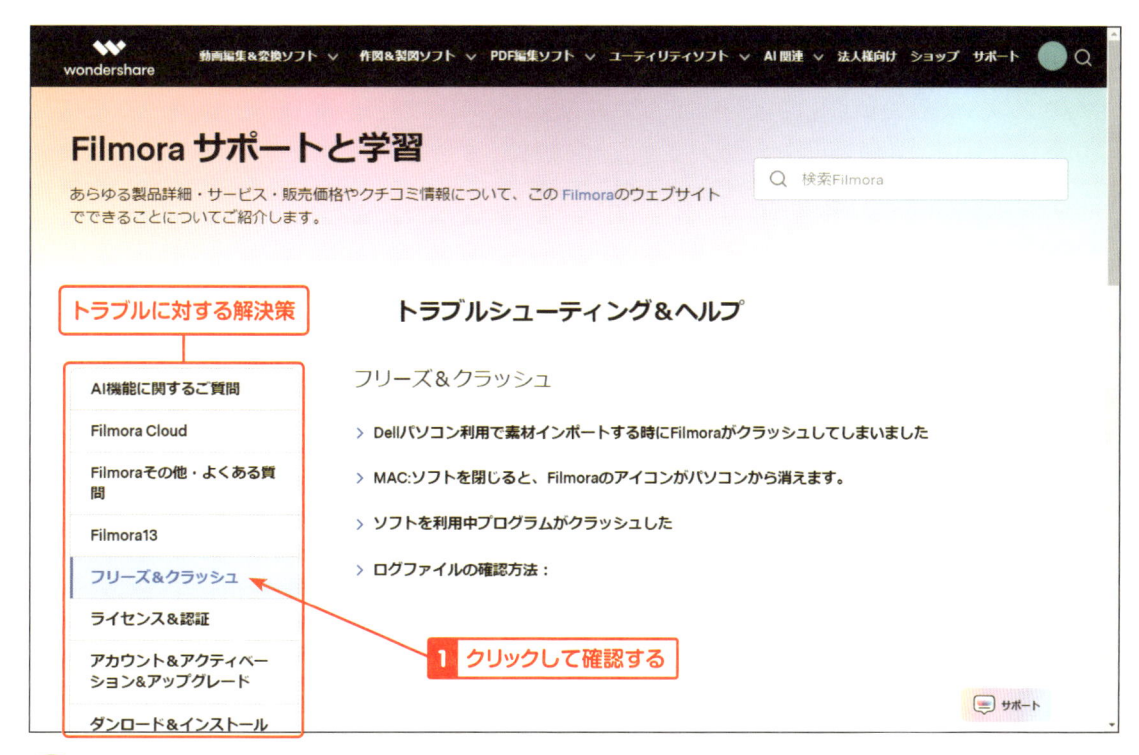

② チャットボットを使って問い合わせ

サポートページを開くと、画面の右下にチャットボットが自動的に表示されます。チャットボットをクリックして展開し、質問を入力すると、リアルタイムで回答を得られます。簡単な質問や設定に関するトラブルであれば、ここで解決できることが多いです。

サポートチームへの問い合わせ手順

　FAQs（よくある質問）に解決策が見つからない場合や、直接サポートチームとやり取りをしたい場合、公式サイトの「お問い合わせ」からサポートに連絡を取ることができます。その手順を一緒に進めながら説明します。

① 問い合わせフォームへアクセス

　サポートページから、「お問い合わせ」をクリックします。ページが表示されたら、下段までスクロールすると、問い合わせフォームが表示されます。

② 問い合わせ内容を入力

　次の情報を入力します。「件名」の欄をクリックし、問い合わせ内容の要点をわかりやすく入力します。「お問い合わせ製品名」のプルダウンから、自分が使用している製品をクリックして選択します。製品名を間違えないよう、正確に選択することが重要です。

　次に、「登録コードと登録情報」の欄で、問い合わせの種類を選択します。「お問い合わせ内容」には、問題の詳細をできるだけ具体的に入力します。使用している環境（Windows/Mac）や発生しているエラーメッセージの内容など、どの操作で問題が発生したか、最低20文字の入力が必要です。

必要に応じて、スクリーンショットや関連するファイルを「ファイルを選択」ボタンをクリックし、添付します。添付ファイルがあると、サポートチームが問題をより早く把握できます。

　次に、名前とメールアドレスを入力します。サポートからの返信がこのメールアドレスに送信されるため、間違いのないように入力しましょう。「動作環境」には、使用しているパソコンのOSを入力します。

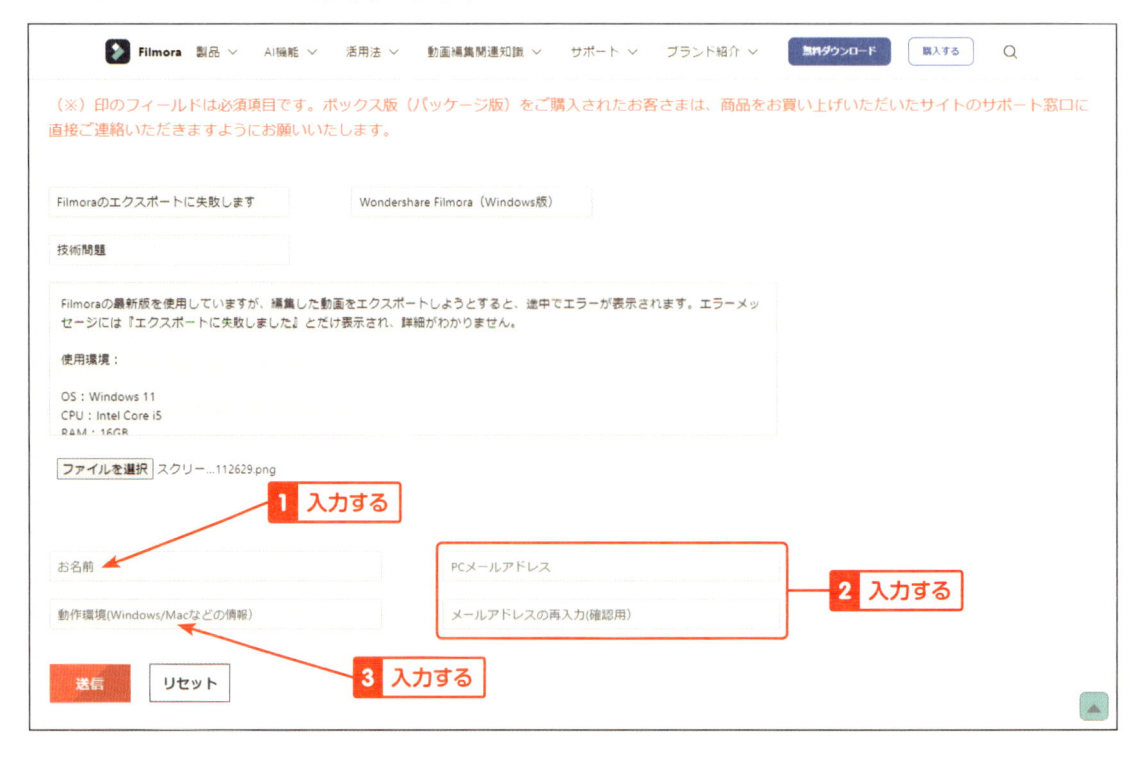

③ 問い合わせ完了

　すべての情報を入力したら、最後に「送信」ボタンをクリックして問い合わせを完了します。これで、問い合わせの手順は完了です。スムーズな対応を受けるために、できるだけ具体的な情報を入力しましょう。

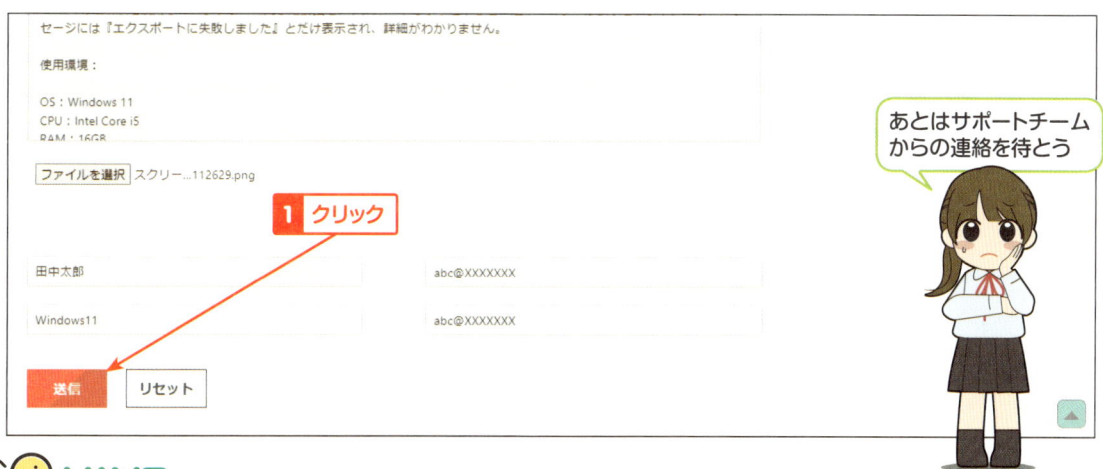

HINT

　「リセット」ボタンをクリックすると、入力した内容がすべてクリアされますので、間違えた場合は再入力しましょう。

　問い合わせ送信後、サポートチームからの返信がメールで届くまで少し時間がかかる場合があります。

INDEX さくいん

■著者紹介

信田 晋佑 （のぶた しんすけ）

東放学園専門学校の放送技術科を卒業後、大手建設関連会社の映像制作部署に入社。企業VPやTV番組の制作・撮影技術に従事し、映像制作の基礎を築く。その後、ラジオ技術や技術コンサルティングにも携わり、幅広い技術経験を積む。2017年11月、株式会社エンジョイに入社。自社開発のクラウドサービスやGoogleを活用したマーケティングサービスを展開し、JAグループや法人企業、社会福祉法人へのコンサルティング業務を担当。中長期計画や戦略策定を中心に、デジタル、コンテンツ、データ、SNSマーケティングといった多岐にわたる分野に従事。2021年11月に株式会社エンジョイのグループ会社として株式会社JOYボイスを設立し、常務取締役に就任。2024年には自社サービスにて第15回千代田ビジネス大賞で諮問委員会賞を受賞する。また、2020年にYouTubeチャンネル【動画編集 初心者向けチャンネル】-Filmoraフィモーラでもっと楽しく編集しよう-を開設。Filmoraを中心とした動画編集のハウツーを発信し、初心者向けの分かりやすい解説で多くの支持を得ている。2024年10月現在、登録者数は23,000人を超える。

編集担当 ： 小林紗英 / カバーデザイン ： 秋田勘助（オフィス・エドモント）
写真 ： iStock.com/MarsBars

●特典がいっぱいの Web 読者アンケートのお知らせ

C&R研究所ではWeb読者アンケートを実施しています。アンケートにお答えいただいた方の中から、抽選でステキなプレゼントが当たります。詳しくは次のURLのトップページ左下のWeb読者アンケート専用バナーをクリックし、アンケートページをご覧ください。

C&R研究所のホームページ https://www.c-r.com/

携帯電話からのご応募は、右のQRコードをご利用ください。

超入門 無料で使える動画編集ソフト Filmora

2024年12月24日　初版発行
2025年6月25日　第3刷発行

著　者	信田晋佑
発行者	池田武人
発行所	株式会社　シーアンドアール研究所
	新潟県新潟市北区西名目所 4083-6（〒950-3122）
	電話　025-259-4293　FAX　025-258-2801
印刷所	株式会社　ルナテック

ISBN978-4-86354-468-0 C3055